农作物秸秆
综合利用技术及装备配套

□ 熊波　张莉　主编

中国农业科学技术出版社

图书在版编目（CIP）数据

农作物秸秆综合利用技术及装备配套 / 熊波，张莉主编 . — 北京：中国农业科学技术出版社，2019.6（2021.9重印）
ISBN 978-7-5116-4203-5

Ⅰ . ①农… Ⅱ . ①熊… ②张… Ⅲ . ①秸秆—综合利用
Ⅳ . ① S38

中国版本图书馆 CIP 数据核字（2019）第 095134 号

责任编辑 穆玉红
责任校对 李向荣

出 版 者 中国农业科学技术出版社
北京市中关村南大街 12 号 邮编：100081
电 话 （010）82109707 82106626（编辑室）（010）82109702（发行部）
（010）82109709（读者服务部）
传 真 （010）82106626
网 址 http://www.castp.cn
发 行 各地新华书店
印 刷 者 北京捷迅佳彩印刷有限公司
开 本 710 mm × 1 000 mm 1 /16
印 张 10.75
字 数 200 千字
版 次 2019 年 6 月第 1 版 2021 年 9 月第 2 次印刷
定 价 45.00 元

《农作物秸秆综合利用技术及装备配套》

编写人员

主　　编　熊　波　张　莉

副 主 编　滕　飞　李　震　李传友

参编人员　（以姓氏笔画为序）

王玉珏　王　宇　刘京蕊　李雪婷　杨立国

杨　帆　杨雅静　张迪婧　陈玉梅　周景哲

赵　谦　赵锦一　禹振军　宫少俊　贾　楠

高　娇　常晓莲　崔　皓　梁井林　蒋　彬

目　录
CONTENTS

第一章 概述

第一节 农作物秸秆

一、农作物秸秆的含义

秸秆是农作物（包括粮食作物和经济作物）成熟收获其籽实后所剩余的地上部分的茎叶、藤蔓或穗秆等的总称，通常指水稻、小麦、玉米、薯类、高粱、甘蔗等农作物在收获后剩余的部分，如残剩的茎叶、藤蔓或秸秆等。农作物秸秆是人类重要的可再生资源，是畜禽饲料的有效供给资源，还是工农业生产的重要资源。

二、农作物秸秆的成分

农作物秸秆是一类重要的可再生生物质资源，却长期未得到重视和开发利用。农作物秸秆原料的组成成分等基础特性数据是秸秆科学利用、技术创新及优质、高效、低耗产业发展十分重要的基础，也与国家循环农业、生态安全以及现代农业可持续发展等重大问题的解决息息相关。

农作物秸秆含有多种可被利用的有效成分，是由大量的有机物、少量的无机物及水所组成的，除绝大部分是碳之外，还含有钾、硅、氮、钙、镁、磷等元素及纤维素、半纤维素、木质素、蛋白质、氨基酸等有机质成分。

其有机物的主要成分是纤维素类的碳水化合物，此外还有少量的粗蛋白质和粗脂肪。碳水化合物是由纤维素类物质和可溶性糖类组成。农作物秸秆中的纤维素类物质可水解成可发酵的小分子糖，秸秆中原有的可溶性糖和水解后的小分子糖可进一步发酵成乙醇。秸秆中的有机物还可以被厌氧菌分解产生甲烷（CH_4）和二氧化碳（CO_2）。农作物秸秆中的纤维素、半纤维素、可溶性糖、蛋白质等为厌氧菌的分解提供有机质成分，并且秸秆中的微量金属可以作为一种微营养素，对于农业沼气池中秸秆厌氧发酵的稳定运行也起着重要作用。充分掌握农作物秸秆的组成成分对评价农作物秸秆的乙醇转化和甲烷生产具有重要的意义。

与煤炭和石油相比，农作物秸秆的燃烧可以产生更少的氮氧化物（NO_X）和二氧化硫（SO_2）等大气污染物。农作物秸秆燃烧是一个把秸秆转化为有用燃料的基本热化学过程。农作物秸秆在空气或氧气条件下燃烧，可以产生 CO_2 和 H_2O 等气体混合物以及油状液体和含碳固体残余。将农作物秸秆进行直接燃烧利用，不但可以处理农业剩余物残留，还可以回收热能以进行再利用。农作物秸秆的燃烧主要是烧掉的有机物，产生热能和气体成分加以利用，剩余残留物为灰分，农作物秸秆的组成成分对秸秆的燃烧过程和产物生成具有重要的意义。

三、农作物秸秆的基础特性

农作物秸秆组成成分复杂，为多种复杂高分子有机化合物和少量矿物元素组成的复合体。为实现农作物秸秆的饲料、肥料、燃料、材料以及基料等资源化利用，需要深入开展农作物秸秆的组成成分（化学组成、工业组成、元素组成、矿质元素、灰分组成）、高位热值和燃烧特性等原料特性的研究，全面获取农作物秸秆科学、高效、安全利用所需的基础特性数据，并需要进一步探究其能源潜力和燃烧特性。

（一）化学组成

农作物秸秆的化学组成包括纤维素、半纤维素、木质素、粗蛋白、可溶性糖和粗灰分等，这些化学组成是评价农作物秸秆燃料特性和饲料特性的重要指标。纤维素在水、酸、碱或盐溶剂中发生溶胀，可以进行碱性降解和酸性水解，以获得小分子的碳水化合物。半纤维素在酸性水溶液中加热时，其糖苷键能发生水解生成木糖、阿拉伯糖、半乳糖和甘露糖等单糖，且比纤维素水解的速度快。纤维素和半纤维素水解的单糖可进一步发酵成乙醇或在无氧条件下发酵生成甲烷。木质素隔绝空气高温热分解可以得到木炭、焦油、木醋酸和气体产物，由于木质素的芳香结构，相应增多了碳的含量，因此，木质素的热稳定性较高。粗蛋白、可溶性糖和灰分是重要的非结构性化合物，粗蛋白主要由氨基酸构成，可溶性糖主要由小分子糖构成。

（二）工业组成

农作物秸秆的工业组成包括水分、挥发分、灰分和固定碳等。秸秆中的水分以不同的形态存在，主要分为游离水分、化合结晶水。游离水分又可分为外在水分和内在水分，外在水分是以机械方式附着在秸秆的表面上以及在直径 $>10^{-5}$cm 的较大毛细孔中存留的水分，内在水分是指以物理化学结合力吸附在秸秆的直径 $<10^{-5}$cm 的内部毛细管中的水分。化学结晶水是与秸秆中的矿物质相结合的水分。挥发分是秸秆与空气隔绝在一定温度条件下加热一定时间后，由有机物分解出来的液体和气体产物的总和，不包括游离水分。灰分是秸秆中不可燃烧的无机矿质元素，灰分含量越高，可燃成分则相对减少。固定碳在燃料中主要以单质碳的形式存在，其燃点比较高。

（三）元素组成

农作物秸秆的元素组成包括碳（C）、氢（H）、氧（O）、氮（N）、硫（S）等。C 是燃料中最基本的可燃元素，1kg 碳完全燃烧时生成 CO_2，可放出大约 33 858kJ 热量；氢是燃料中仅次于碳的可燃成分，1kg 氢完全燃烧时，能放出约 125 400kJ 的热量，相当于碳的 3.5～3.8 倍。氧不能燃烧释放能量，加热时，氧极易使有机组分分解成挥发性物质，氧的存在会使燃料成分中可燃元素碳和氢相对减少。硫是可燃成分之一，也是有害的成分，1kg 硫完全燃烧时，可放出约 9 033kJ 的热量，相当于碳热值的 1/3。氮在燃料中是完全以有机状态存在的元素，有机氮化合物被认为是比较稳定的杂环和复杂的非环结构的化合物。氮在高温下与氧气发生燃烧反应，生成 NO_X，容易造成环境污染。

（四）矿质元素

农作物秸秆的矿质元素包括磷（P）、钾（K）、钠（Na）、钙（Ca）、镁（Mg）、铁（Fe）、铜（Cu）和锌（Zn）等。秸秆中的矿质元素对燃料的燃烧过程控制以及燃烧产物的处理是非常重要的。P、K 和 Na 是生物质燃料中的可燃成分，燃烧后产生五氧化二磷、钾盐和钠盐等。磷容易在燃烧过程中与水蒸气形成焦磷酸（$H_4P_2O_7$），结合飞灰形成坚硬、难溶的磷酸盐结垢。钾对秸秆灰的熔融行为有负面的影响，降低灰分熔点，并导致更高的气溶胶的形成，从而提高沉积物的形成和微粒的排放。物料中的碱金属矿质元素 K、Na 含量越高，燃料结渣趋势越明显，碱金属矿质元素 Ca、Mg 含量越高，则燃料结渣趋势越小。

（五）灰分组成

农作物秸秆的灰分组成包括二氧化硅（SiO_2）、氧化铝（Al_2O_3）、五氧化二磷（P_2O_5）、氧化钾（K_2O）、氧化钠（Na_2O）、氧化镁（MgO）、氧化钙（CaO）、氧化铁（Fe_2O_3）、氧化锌（ZnO）和氧化铜（CuO）等。这些成分的熔化温度各不相同，其范围为765～2 800℃，见表1-1。灰分的熔融性与其成分和含量有关。燃烧时，如果灰分熔点过低，则炉灰容易在炉栅上容易结渣，影响通风。

表1-1 灰分中各种成分的熔化温度

成 分	熔化温度（℃）	成 分	熔化温度（℃）
SiO_2	1 460～1 723	NaCl	800
CaO	2 570	Na_2SO_4	884
Fe_2O_3	1 550	Na_2S	920
FeO	1 420	KCl	790
Al_2O_3	2 050	$CaCl_2$	765
Al_2S_3	1 100	$CaSO_4$	1 450
MgO	2 800	$MgSO_4$	1 127
Na_2O	800～1 000	FeS	1 195
K_2O	800～1 000	$MgO \cdot Al_2O_3$	2 135
$CaO \cdot SiO_2$	1 540		

（六）高位热值

高位热值是通过弹筒热值减去硝酸形成热和硫酸与二氧化硫形成热计算得来。高位热值是评价农作物秸秆燃料特性的重要指标。

（七）燃烧特性

农作物秸秆燃料是通过燃烧将化学能转化为热能的，秸秆的燃烧属于生物质热转换技术，大体上可以分为炉灶燃烧、炕连灶燃烧、锅炉燃烧等，主要目的是取得热量，燃烧后还会产生气体产物和灰分残渣。实验室一般是基于热重分析技术来开展秸秆的燃烧特性的研究，燃烧特征参数包括着火点温度、挥发分最大燃烧速率、挥发分最大燃烧速率对应的温度、固定碳最大燃烧速率、固定碳最大燃烧速率对应的温度、燃尽点温度和综合燃烧指数等。农作物秸秆燃烧特性的动力学参数包括频率因子和活化能等。

除了化学组成、工业组成、元素组成、矿质元素、灰分组成、高位热值和燃烧特性外，农作物秸秆的基础特性还包括机械特性、热解特性、物理和热特性等。

四、秸秆不同部位组分含量分析

一般而言，农作物秸秆中的主要成分纤维素、半纤维素和木质素均可作为工业聚合物的新型原料，取代石化资源，制造绿色产品。为了实现对秸秆资源的充分、有效利用，有必要确定其相关组分含量，特别是不同种类以及同一种秸秆不同部位的组分含量，用以指导针对性研究工作的深入开展（图 1–1）。

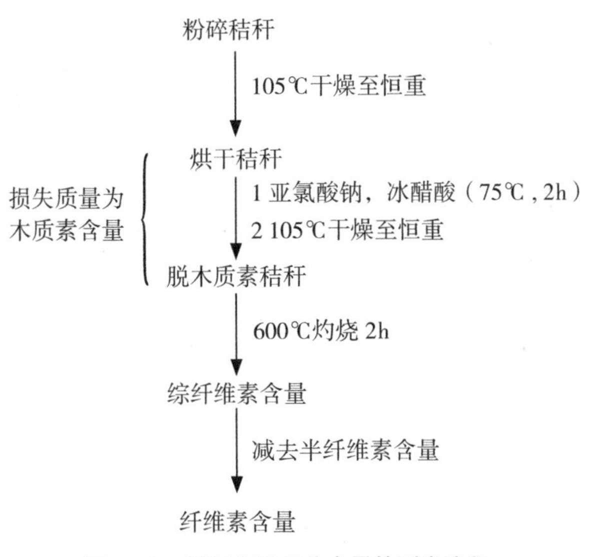

图 1–1 秸秆主要组分含量的测定流程

农作物秸秆种类以及同一种秸秆不同部位的纤维素、半纤维素和木质素等主要成分含量存在较大差异。

小麦秸秆的不同部位的组分含量不同，如叶、秆和节 3 个部位中，秆部位的纤维素含量最高，3 个部位的半纤维素和木质素的含量相近。植物的生长是细胞分生组织的细胞分裂和细胞的伸长成熟，同一种秸秆不同部位的细胞数目、细胞排列方式和细胞壁的形成过程均不同，因此同一秸秆的不同部位的组分不同。植物的生长过程中不同部位的糖化率不同，使得不同部位的纤维素和半纤维素的含量也不同。用氧化降解法分别研究水稻、小麦、油菜秸秆不同部位的组分含量，结果如表 1–2 所示。

表 1-2　3 种秸秆不同部位的成分含量　（%）

秸秆部位	水　分	灰　分	木质素	半纤维素	纤维素
水稻节	11.81	14.83	17.11	21.16	32.21
水稻秆	12.53	13.92	16.48	19.75	39.69
水稻叶	11.85	16.79	16.68	20.45	34.14
水稻穗	11.19	14.72	25.22	24.81	31.74
小麦节	10.59	5.69	21.52	22.83	44.13
小麦秆	9.64	2.76	21.21	23.69	51.16
小麦叶	10.34	7.52	19.43	24.22	39.94
小麦穗	10.54	5.68	23.89	28.41	40.58
油菜秆	9.76	7.53	19.07	17.13	52.99
油菜籽壳	10.31	7.35	22.06	18.34	51.24

由表 1-2 可以看出，同种秸秆不同部位的组分含量存在明显差异。同种秸秆中秆部的纤维素含量最高，半纤维素则在穗部含量最为丰富，而油菜籽壳部的半纤维素则较低。木质素含量比较高的部位仍然为穗部，水稻穗部的木质素含量较高。对于小麦和水稻秸秆，灰分含量较高的部位为秸秆的叶部，而油菜秸秆灰分含量较高的是秆部。此外，由表 1-2 的结果还发现，水分含量在秸秆不同部位的含量差异较小，同一区域收获的农作物秸秆水分含量差异不大。

不同种类秸秆的组分含量差异较大。3 种秸秆中油菜秸秆的纤维素含量最高，在秆部含量高达 52.99%，小麦秸秆次之（含量最高的秆部位为 51.16%），水稻秸秆最低（含量最高的秆部位仅为 39.69%）。半纤维素含量最高的是小麦秸秆（穗部高达 28.41%），水稻秸秆次之（含量最高的穗部为 24.81%），含量最低的是油菜秸秆（秆部仅为 17.13%）。3 种秸秆中木质素含量也有较大的差异：油菜秸秆和小麦秸秆的木质素含量差异较小，其穗部木质素含量分别为 22.06% 和 23.89%；但是水稻秸秆跟前两者差别较大且水稻秸秆随部位差异明显，穗部达 25.222%，秆部位仅为 16.48%。3 种秸秆中，水稻秸秆的灰分含量最高，其叶部高达 16.79%；油菜秸秆的灰分含量居中，为 7.35%～7.53%；小麦秸秆中灰分含量仅为 2.76%～7.52%。有研究认为，导致组分含量差异的最主要原因在于不同种类的秸秆的基因不同。不同种类的秸秆控制纤维素合成的基因不同，纤维素的沉积方式和细胞骨架也不同，从而使得纤维素的含量和结晶度不同。半纤维素是由几种不同类型的单糖构成的异质多聚体，不同种类的秸秆半纤维的组成和糖化率不同，因此不同种类秸秆的半纤维素含量也不同。木质素有紫丁香基丙烷、愈创木基丙烷和对羟基丙烷 3 种结构单元。不同种类秸秆中 3 种结构单元的含量不同，从而导致木质素的含量存在差异。

第二节 农作物秸秆的种类

目前，我国的农作物秸秆种类有 20 多种，按农作物用途和植物学系统分类，可分为三大作物、八大类别。

粮食作物。包括谷类作物（水稻、小麦、玉米、谷子、高粱等）；豆科作物（大豆、豌豆、蚕豆、绿豆等）和薯类作物（甘薯、马铃薯等）。

经济作物。包括纤维作物（棉花、红麻、黄麻等）；油料作物（油菜、花生、芝麻、胡麻、向日葵等）；糖料作物（甘蔗、甜菜等）和其他作物（烟草、茶叶、薄荷等）。

绿肥及饲料作物。包括紫云英等。

农作物秸秆可简单采用上述分类方法。由于绿肥及饲料作物主要收获植株本身，可以全部直接利用，几乎不存在剩余，故不计入秸秆的范围。另外，种植面积小或产量少的农作物，统计上的意义不大。参照欧盟的作法，在计算生物质资源时，只有种植面积占欧盟各国农业用地总面积超过 1% 的农作物产生的木质纤维素（含水量小于 50%）才被计算在内。根据中国统计年鉴主要农作物种植结构统计，将稻谷、小麦、玉米、大豆、马铃薯、花生、油菜、棉花的秸秆一般作为主要统计对象。

第三节 我国农作物秸秆资源情况

秸秆是一种宝贵的可再生性资源，农作物光合作用的产物有一半左右存在于秸秆之中，农作物秸秆被认为是一种重要的农产品。我国是一个农业大国，随着农业连年丰收，秸秆产量逐年增长。每年可达数亿吨，是世界上秸秆资源量最为丰富的国家之一。

一、我国作物秸秆资源的估算

目前，对于秸秆资源总量的估算可以从不同的利用角度计算得到不同的估算结果，同时由于每年秸秆资源的生产方式和利用方式都有所不同，因此，国家统计局也未能将每年的秸秆总量进行详细统计。为此，一般通过农作物的谷草比系数折算出秸秆的年产量。

即：某种秸秆的总量 = 谷草比系数 × 某种作物产量。

根据上述公式，采取国家统计局的数据，选择了15种农作物，对全国农作物秸秆资源总量进行了折算。从表1-3可以看出，2016年全国农作物秸秆产量为81 565.30万吨，其中，稻谷、小麦、玉米三种作物秸秆量所占比例较大，分别为24.63%，16.27%，36.88%，三者所占比例之和达到了77.78%。

表1-3　2016年不同农作物秸秆产量匡算结果

农作物	产量（万吨）	草谷比	秸秆产生量（万吨）	所占比例 %
稻谷	20 707.51	0.97	20086.28	24.63
小麦	12 884.50	1.03	13271.04	16.27
玉米	21 955.15	1.37	30 078.56	36.88
谷子	197.59	1.51	298.35	0.37
高粱	330.00	1.44	475.19	0.58
其他谷物	425.75	1.6	681.20	0.84
豆类	1 730.76	1.71	2 959.60	3.63
薯类	3 356.17	0.61	2 047.26	2.51
棉花	529.95	3	1 589.84	1.95
花生	1 728.98	1.52	2 628.05	3.22
油菜籽	1 454.56	3	4 363.68	5.35
芝麻	63.09	0.64	40.38	0.05
向日葵	259.52	0.6	155.71	0.19
麻类	26.20	1.7	44.54	0.05
甘蔗	11 382.46	0.25	2 845.62	3.49
合计			81 565.30	100.00

资料来源：根据国家统计局《国家数据》(http://data.stats.gov.cn）整理得到.

由于农业生产受自然因素影响较大，产量在一定程度上具有波动性，为了消除这种波动性，采取不同时期5年的平均值来匡算秸秆产量，不同时期农作物秸秆产量匡算结果见表 1-4。从中可以看出，从“九五”期间到“十二五”期间，总体上来看，农作物秸秆产量是增加的，增长率为 27.24%。从稻谷、小麦、玉米三种主要的农作物秸秆变化来看，都是增加的，增长率分别为 4.35%，10.71%，76.54%。而棉花、花生、油菜籽、向日葵、甘蔗等农作物秸秆产量也是增加的，但总体上由于其所占比例较低，对秸秆总产量的影响不是太大。另外，稻谷、高粱、其他谷物、豆类、薯类、芝麻、麻类等农作物秸秆是减少的，这也与农业种植业结构调整紧密相连。

表 1-4 不同时期农作物秸秆产量

农作物	九五期间（万 t）	十五期间（万 t）	十一五期间（万 t）	十二五期间（万 t）	变化率 %
稻谷	19 030.34	16 925.54	18 439.93	19 857.48	4.35
小麦	11 476.26	9 476.99	11 546.79	12 704.94	10.71
玉米	16 407.66	17 012.06	22 222.39	28 966.24	76.54
稻谷	406.14	292.31	218.98	266.01	−34.50
高粱	553.61	396.26	290.06	387.90	−29.93
其他谷物	1 271.72	1 000.72	778.53	684.71	−46.16
豆类	3 273.06	3 697.46	3281.13	2 889.73	−11.71
薯类	2 154.30	2 167.74	1 781.06	2 020.03	−6.23
棉花	1 293.19	1 628.23	2 099.17	1 890.88	46.22
花生	1 785.93	2 168.63	2 144.79	2 512.00	40.66
油菜籽	2 915.53	3 572.26	3 622.76	4 295.64	47.34
芝麻	42.90	46.35	38.58	40.18	−6.35
向日葵	92.20	103.76	104.07	145.14	57.42
麻类	103.36	159.00	100.29	41.75	−59.61
甘蔗	1 867.52	2 162.46	2 802.85	3 041.65	62.87
合计	62 673.72	60 809.76	69 471.39	79 744.27	27.24

资料来源：根据国家统计局《国家数据》(http : //data.stats.gov.cn) 整理得到 .

图 1-2 是 1996 年以来农作物秸秆产生量变化情况。从中可以看出，农作物秸秆产生量呈现出明显的变化特征。1996—2003 年农作物秸秆产生量总体上呈现下降态势，此后呈现出明显的递增态势。在递减阶段，从 1996 年的 63 291.70 万 t 下降到 2003 年的 57 355.64 万 t，下降了 5 936.06 万 t，减少 9.38%，农作物秸秆产生量的变化，与粮食产量的变化趋势表现出相同的特点。众所周知，1996

年我国粮食产量首次突破万亿斤大关，达到了 50 454 万 t，而在 1995—1998 年，我国净进口粮食 2 500 万 t，此时期粮食总供给量大于需求量，出现了一定程度的结构性过剩。受其影响，1997—2000 年粮食市场零售价格持续走低，再加上受农药、化肥等农业生产资料价格上涨的影响，粮食生产成本持续上升。由此导致了 1999 年以来，全国粮食播种面积连续 5 年下降，粮食总产量持续 4 年下降，到 2003 年粮食产量下降到了 43 070 万 t，低于 49 000 万 t 的安全警戒线。粮食产量的持续下降，引起了党和国家对粮食安全的高度关注，并自 2004 年开始出台中央一号文件强调其重要作用。

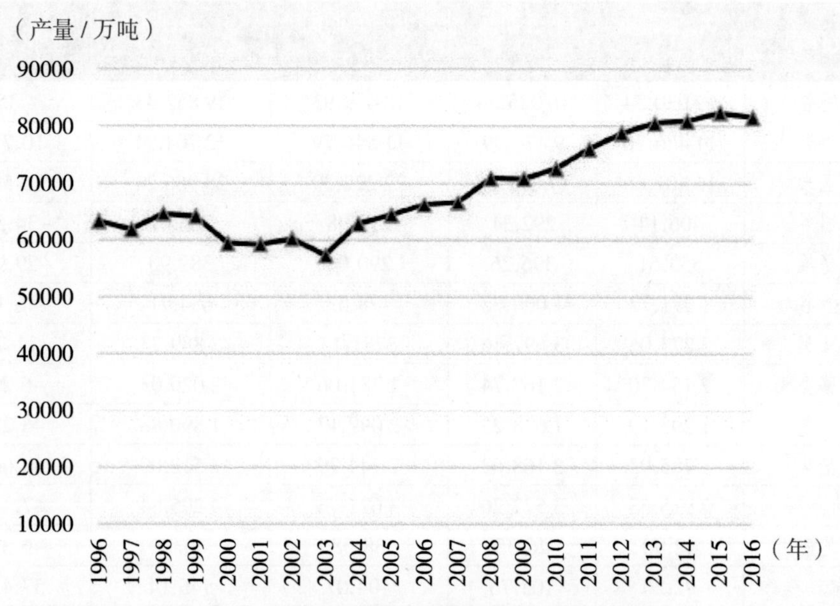

图 1-2　1996—2016 年农作物秸秆产生量变化情况

二、我国农作物秸秆资源的分布特点

表 1-5 显示，2016 年我国主要农作物秸秆产生总量约达到 9.84×10^8t。玉米、稻谷、小麦、棉花、油菜、花生、豆类、薯类、其他作物秸秆产生量分别占秸秆总量的 41.92%，23.23 %、18.36%，2. 44%、3. 10%，2. 04%，2. 84%，3.74%，3.50%，2.33%，其中玉米、水稻和小麦三大类作物秸秆产量达到 8.22×10^8t，共计占秸秆总量的 83.51% 。

从秸秆种类来看，玉米秸主要分布在东北区、华北区；稻草和麦秆主要分布在中南区和华东区；棉秆主要产自西北区；油菜秆主要分布在中南和西南区；花生秧主要产于中南区、华东区；豆秆以东北区分布最广，华东、中南、华北区也有少量分布；薯藤以西南和中南区较高；其他作物秸秆以西南区分布较多。

从不同区域来看，秸秆产量由大到小依次为华东区、中南区、东北区、华北区、西北区、西南区，分别占全国秸秆总量的 24.31%，22.82%，21.63%，12.29%，10.25%，8.69%。

其中，华北区主要以玉米秸和麦秆为主，分别占区域秸秆量的 66.71% 和 20.97 %；东北区主要以玉米秸和稻草为主，占比分别为 73.50% 和 18.31%；华东区以稻草、麦秆、玉米秸为主，占比分别为 32.43%，30.17%，25.63%；中南区以与华东区相似，稻草、麦秆、玉米秸占比分别为 37. 06% ，23.62% ，20.18 %；西南区以稻草、玉米秸、薯藤为主，占比分别为 29.06%，27.41%，13.3%；西北区以玉米秸、麦秆、棉秆为主，占比分别为 44.92%，23.37%，14.59%。

表 1-5 2016 年中国主要农作物秸秆区域产生量 （单位：万 t）

秸秆种类	华北区	东北区	华东区	中南区	西南区	西北区	全 国
玉米秸	8 065.76	15 647.12	6 131.84	4 532.24	2 344.01	4 531.37	41 252.34
稻草	97.30	3 898.45	7 758.81	8 321.95	2 485.26	301.65	22 863.41
麦秆	2 535.51	27.15	7217.40	5 305.52	620.12	2357.27	18 062.97
棉花秆	239.96	0.03	371.17	311.96	5.72	1 471.31	2 400.15
油菜秆	71.86	0.01	604.89	1 084.66	844.90	447.39	3 053.70
花生秧	190.06	231.66	469.62	1 026.13	75.34	15.73	2 008.53
豆秸	426.67	1 011.09	502.98	450.12	232.63	168.38	2 791.87
薯藤	277.12	58.20	567.08	1 079.06	1 142.96	552.18	3 676.60
其他秸秆	186.06	414.75	299.75	346.70	801.94	241.56	2 290.76
总计	12 090.30	21 288.46	23 923.54	22 458.33	8552.89	10 086.83	98 400.33

第四节 秸秆综合利用技术现状与问题

据联合国环境规划署（UNEP）报道，世界上种植的各种谷物，每年可提供秸秆 17×10^8 吨，其中大部分未加工利用。我国是农业大国，也是农作物秸秆资源最为丰富的国家之一，农作物秸秆种类繁多、数量巨大、分布广泛。

一、农作物秸秆的开发利用现状

（一）我国农作物秸秆资源化利用现状

近年来，在国家有关部门和各地政府积极推动和支持下，我国的秸秆综合利用取得了显著成果，推广应用多种形式的秸秆还田、保护性耕作、秸秆快速腐熟还田、过腹还田、栽培食用菌等技术，在一定程度上减少了秸秆焚烧现象。

伴随着农业生产和农民生活方式的转变，农村劳动力转移、能源消费结构改善和各类替代原料的应用，秸秆利用方式和利用途径出现极大变化，区域性、季节性、结构性过剩现象不断凸显，露天焚烧现象屡禁不止，秸秆资源化利用面临严峻挑战。传统处理方式存在着“三低一重”的缺点，即秸秆利用率低、转化率低、经济效益低、环境污染严重。

随着农村经济的发展和农民生活水平的提高，煤气、天然气等在农村基本普及，秸秆对于农民来说已经不再是必要的生活资源，秸秆作为直接燃料的比例正逐渐减小。据调查统计，2016 年全国作物秸秆理论资源量为 9.84×10^8t，可收集资源量达到 8.24×10^8t，利用量为 6.73×10^8t，秸秆综合利用率达到 81.68%；其中肥料化占 47.2%、饲料化占 17.99%、燃料化占 2.23%、基料化占 11.79%、原料化占 2.47%，秸秆综合利用途径不断拓宽、科技水平明显提高、综合效益快速提升。在推进秸秆综合利用进程中，各地结合区域特点，集成“五料化”利用成熟技术，构建了各具特色的综合利用模式。

我国秸秆资源化利用途径很多，且部分技术已发展成熟，还在不断研发新的利用技术。但从实际情况来看，我国秸秆利用率并不高。由于我国秸秆的地域分布特征明显，不能采取统一的秸秆资源化利用途径，各省市要结合自身的秸秆资源优势，结合现有技术，采用最适合的秸秆资源化利用方式。

（二）国外农作物秸秆资源化利用现状

国外对农作物秸秆的资源化利用相对较早，特别是在发达国家。科技的进步与创新使得农作物秸秆的用途越来越广泛，且技术比较成熟。

在加拿大的农业区，人们在收割玉米时利用收割机把玉米秸秆切碎，作为肥料直接还田。在美国，秸秆被用来做饲料，有的地方则将整捆的秸秆经高强度压缩后填充新房的墙壁。此外，美国还积极推动可再生能源的发展，从秸秆纤维素中提取乙醇用作生物燃料。在欧洲，秸秆发电和供热是秸秆利用的主要途径之一。在日本，秸秆主要有两种处理方式，一是被翻入土层中直接还田，二是作为家畜饲料，对于少数难以处理的秸秆则集中焚烧。目前，日本政府正在积极开发利用秸秆的生物燃料，已研制出从秸秆纤维素中提取酒精的技术。

作为世界上利用秸秆较早的国家之一，丹麦是世界上最先利用秸秆发电的国家。丹麦对秸秆利用拥有一套相对完善的政策支持体系，对我国秸秆资源化利用有很好的参考价值。在丹麦，相当一部分秸秆被卖给供热厂和发电厂生产二次能源。发电厂向农民收购秸秆，用于发电。和传统的燃料相比，秸秆成本低、污染少，电厂降低了原料成本，居民则得到了卖出秸秆的经济收入和实惠的电价，秸秆燃烧后的草木灰又被无偿地还给农民作为肥料，从而串联起了一个工业与农业相衔接的“黄金圈”。丹麦有健全的秸秆交易市场。由于秸秆的季节性特点，在秸秆生产者和企业之间，秸秆贸易以期货合同确定。合同可直接与农场主签订，也可与秸秆生产者协会或承包商签订。秸秆购买者为以秸秆为燃料的区域供热厂和热电厂，通过签订长期秸秆期货合同向消费者供热供电。合同中会明确规定达成协定的秸秆的数量、交付条件、交付时间、基础价格以及合同期限和终止条件。秸秆的市场价格很大程度上由秸秆供应者与购买者之间协商决定。秸秆价格除了回收投资之外，还包含了与秸秆收集相关机器的折旧费、存储费、运输费、肥料价值损失及秸秆生产风险费等。丹麦还有健全的秸秆运输贮存体系。秸秆量大、密度小，为了便于运输，首先需将秸秆作捆扎或者切碎等预处理，然后根据期货合同由农场主或企业负责将秸秆运至用户所在地，再交由用户贮存利用。在运输过程中，根据当地的实际条件，利用不同的技术与方法。对位于农田中的小型草捆一般采用徒手或叉、装载机、斜道等工具；对于中大型草捆则使用前端式装载机、装载拖拉机或类似机械装载或卸载，用改造过的卡车或载重拖车运输。

二、秸秆综合利用的主要途径

（一）秸秆的肥料化利用

农作物秸秆含有大量的氮、磷、钾和微量元素，是农业生产的有机肥源之一。秸秆肥料化利用有秸秆还田和加工商品有机肥两种形式。

据测定，1 t 秸秆还田的肥力，相当于 12.8 kg 氮肥，12.2 kg 磷肥和 14.6 kg 钾肥，进行 3 年的秸秆还田后，每亩可增产小麦 45 ~ 47 kg。秸秆还田主要包含机械化还田、堆沤还田、过腹还田等，一些地区还将秸秆直接焚烧后还田。

秸秆机械化还田是将秸秆粉碎还田，主要应用于水稻、小麦等机械化程度高的大田作物。水稻、小麦在使用收割机收获时，有专门的装置安装在联合收割机上，用来粉碎秸秆，将其抛撒于地表，或者直接翻压，使得秸秆的营养物质充分保留在土壤里面。秸秆覆盖还田能够减少土壤水分的蒸发，秸秆腐烂后会增加土壤有机质。这种还田方式在华中和华北地区应用较多，为了达到一年两熟或两年三熟，提高土地利用率，农户在冬小麦收割时不翻耕土地，而是直接点播玉米等作物。

传统的堆沤还田技术是将秸秆做禽畜饲养场的铺料，清理后进行堆沤还田。现在使用较多的秸秆堆沤方式是秸秆堆肥技术，在腐熟的秸秆中加入畜禽粪便和多种微量元素，通过一定的设施和机械对秸秆进行堆沤，利用机器粉碎加工成颗粒或粉末状生物有机肥。这种方式在堆肥过程中有平均约 40% 的氮素损失，堆肥 N、P、K 等元素混合含量不高，一般用作土壤改良剂。不仅能够改善土壤性质，增加农作物产量，还能改善粮、果、蔬等农作物的品质。加工秸秆有机肥，设备投资少、见效快，适合大规模集中生产。

秸秆过腹还田就是把秸秆作为动物饲料，在动物腹中经消化吸收后变成粪便，再施入土壤，培肥地力，这种方式无副作用。此外，秸秆被动物吸收的营养会有效地转化为肉、奶等被人们食用，提高了利用率，是一种科学的利用方式。

秸秆焚烧后会变成秸秆灰或草木灰，含有丰富的钾、钙、无机盐及微量元素，将其施于土壤可被植物吸收利用，在燃烧过程中还能杀死虫卵、病原体及草籽等。但是在田间直接焚烧秸秆，不仅造成了资源浪费，还严重污染了生态环境，甚至影响交通及百姓生活，是一个亟须解决的问题。

（二）秸秆的饲料化利用

农作物秸秆含有丰富的有机物质，是牲畜的主要饲料之一。玉米秸秆含有 30% 以上的碳水化合物，2%～4% 的蛋白质和 0.5%～1% 的脂肪，其营养价值与牧草相当。简单的秸秆饲料化是在玉米秸、麦秸、稻草等农作物秸秆中加入转化剂，利用秸秆加工设备进行加工，通过产生的温度和压力进行氨化，使秸秆木质素彻底变性，增加秸秆饲料的营养价值，提高秸秆采食率。还可以对农作物秸秆进行精细加工处理，制造成高营养牲畜饲料。这种方法是在人工收获玉米后将青玉米秸秆铡碎至 1~2cm 长，或者用收割机械收获玉米时一次性完成摘穗、秸秆切碎和收集，含水量一般为 67% ~75%，再加入一定量的转化剂，将其装入专门的器具或设施，压实、排出空气，促进防霉菌繁殖，然后进行密封保存，一定时间以后即可作为饲料喂食，这种方法既能够保护饲料的营养物质不受损失，供常年喂养牲畜使用，又有利于秸秆过腹还田，具有良好的经济效益和生态效益。

（三）秸秆的能源化利用

秸秆作为能源，主要用于秸秆发电、产生沼气、固化成型和炭化，还可直接用作生活燃料。随着新能源技术的不断突破，秸秆用于发电的比例快速上升，秸秆沼气和秸秆气化正在农村加快普及，秸秆固化和炭化已步入实用阶段，秸秆直接用作生活燃料的比例在不断下降。

据测算，每吨秸秆的热值相当于 0.5 t 标准煤，其平均含硫量为 0.38%，远低于煤的 1%。我国秸秆的能源化利用以直燃发电方式为主，即将秸秆进行预加工，在高温高压锅炉中直接燃烧产生热能，然后进一步转化为电能。秸秆具有体积大、重量轻、密度小的特点，使用时为确保单位时间内的上料量，要按一定的规格将秸秆打捆后输送至炉膛内燃烧，其收集、贮运、处理难度大，成本高，在一定程度上制约了秸秆发电企业对秸秆资源的利用。

秸秆纤维中含有大量碳元素，具有很高的燃料价值，可应用于农村新能源建设。秸秆转化为燃气的方式有两种：秸秆气化和秸秆厌氧发酵产生沼气。我国现行的热解气化技术大多采用空气煤气制气法，所得燃气的热值较低，并且存在焦油问题。由于我国农村经济基础薄弱，自筹资金困难，许多转化设施由于焦油堵塞管道无法清除、秸秆气热值低、管理不善等问题运行困难。

秸秆碳化和固化成型是秸秆产业化加工利用的有效途径。秸秆固化成型是利用机械设备的压力作用，将秸秆压缩为成型燃料，以替代木材、煤、燃气等常规燃料，可以广泛用于锅炉、生活炉灶及生物质发电厂等，是高效利用秸秆资源的一种有效途径。

（四）秸秆的原料化利用

秸秆纤维作为天然的纤维素纤维，有良好的生物降解性，可替代木材作用于造纸、生产板材、编织、化工等领域，也可替代粮食生产木糖醇等。

“秸秆人造板”制造工艺在湖北荆州、山东烟台、江苏淮安等地建成多条生产线。江苏的苏北地区秸秆资源比较丰富，工业原料化利用规模大，其中秸秆制板产量已占全国的 20%。

云南是旅游大省，利用秸秆编织手工艺品及生活用品在云南有悠久的历史。人们利用秸秆编织草帽、搭屋篷、编织盛物的箩等，特别是在香格里拉、西双版纳和丽江一带的少数民族中尤为突出。他们编织的手工艺品成本低、艺术价值高，游客非常愿意购买，出售给游客既能够增加他们的收入，又能很好的利用秸秆。

（五）秸秆的基料化利用

秸秆基料化利用包括食用菌基料、花木基料、育苗基料和草坪基料等，目前主要以食用菌基料为主。秸秆的有机成分以纤维素、半纤维素为主，搭配必要的培养基用于生产食用菌，废菌棒也富含营养，既可作为优质有机肥直接还田，又能加工成饲料实现过腹还田，是延长农业产业链和发展循环农业的重要途径。

三、秸秆综合利用中的问题

（一）秸秆收集、储运体系不健全

秸秆体积大、密度小且季节性强，不利于收集储存，且我国农田分散，以小地块居多，进一步加大了秸秆收集的难度。对农民来说，运输秸秆费时费力，而且没有固定的收集点，农民即使愿意卖出秸秆也无处可询。对企业来讲，向分散的农户收购秸秆需要耗费大量的精力在价格谈判上，而且很难达成一致，收集成本较高。由于秸秆生产的季节性特点，收购秸秆的企业还要建立完善的秸秆储存体系，因此企业也不愿意承担秸秆的收集运输工作。这种情况造成了农民有秸秆却用不着，而企业需要秸秆却用不到的局面，造成了秸秆资源的浪费。

（二）缺乏健全的秸秆交易市场和交易价格制定体系

健全的秸秆交易市场包含秸秆的运输、企业的及时收购、储存以及合理的市场价格。丹麦等欧美国家秸秆能够得到有效的资源化利用，得益于在农户与企业间拥有健全的秸秆交易市场，而这也是我国秸秆资源化利用中最缺乏的关键一环。

秸秆的价格是秸秆交易中的核心问题。价格体现了商品的价值，一件商品的价格往往决定了其市场的流通性和受欢迎程度。秸秆在交易中作为一种商品，价格应该由市场来决定。而目前在我国的秸秆交易市场中并没有一个统一、稳定的价格，秸秆价格与市场脱节，往往直接由收购方或企业说了算，且缺乏有效的价格监管机制，随意性很大。对农户来说，现有秸秆收购价格不足以弥补他们的秸秆收集成本（包括人工成本和机会成本），不能从出售秸秆中获利，因此积极性普遍不高。而秸秆收购价格过高也会导致相应的社会问题，一方面会提高企业的生产成本，另一方面还有可能导致农户专门种植秸秆作物，因而改变我国的农作物结构。因此，在完善秸秆交易市场初期，要由政府来搭建一个统一的、合理的秸秆交易价格体系，使得秸秆交易能够顺利进行。

（三）综合利用技术不成熟，运行模式待探索

我国现有企业拥有的秸秆利用关键技术并不成熟，秸秆资源不能物尽其用，且利用成本高，利润空间很小，部分企业甚至只能依靠补贴勉强支撑，企业自身的规模化发展受到很大的限制。且从秸秆离田，到后期的运输、储存、加工、产品销售，是一个系统性工程，不是由利用企业一方就可以完成的，运行模式的探索，也是目前较欠缺的一个环节。

（四）现行政策体系不完善

各地虽然相继制定了一些秸秆资源化利用的优惠政策，但政策的覆盖面不够宽、系统性不完备、利益纽带不紧密，没有对农民和企业形成有效地激励。如何制定相应的补贴政策，让农民自发地减少秸秆焚烧、将秸秆交付给企业，是接下来必须面临的难题。针对秸秆利用企业的补贴政策包括税收减免和直接财政补贴等，但是有些企业依靠补贴发展壮大了，有些企业则只能靠着补贴勉强支撑甚至经营不下去。所以如何选定财政补贴对象以及补贴金额，既要让企业能生存下去，又要提高企业的自主性，不完全依赖于补贴，才应是政策的关注点。

（五）法律保障不健全

法律和法规作为一种强制手段，具有较高的稳定性。通过法律法规、制度建设可以明确农户、企业、消费者与资源环境的关系，可以明确各经济行业之间、政府部门之间、地区之间的关系，还可以促进建立完备的监督秸秆资源化利用的机制，特别是能通过制度明确秸秆资源化利用各经济主体的权利与责任问题，因而成为发展循环经济的最基本的保障。我国已经具备较完善的环境污染防治法律法规体系和环境保护管理体系，但还没有针对秸秆利用制定的法律法规，秸秆政策大多以意见或通知的形式出现，不具备法律保障功能，在使用范围上有着明显的局限性。我国立法部门需加大力度，尽快制定出符合我国国情的秸秆利用相关法律，使得政府部门、企业及农户之间在秸秆问题处理上做到有法可依。

四、加强秸秆综合利用的对策措施

（一）加强秸秆的综合开发利用

秸秆作为农作物的副产物，其利用途径是多种多样的，但目前的开发利用多数属于粗加工，而精细加工的技术还有待加强研究和推广。从长远来看，秸秆的开发利用应走综合加工利用的路子。目前秸秆的综合利用技术，正从早期的蔽日遮雨材料、直接堆沤还田、烧火做饭取暖、加工粗饲料，向着快速腐熟堆肥、气化集中供气、优质生物煤、高蛋白饲料、轻质建材和易降解包装材料、有价工业原料及高附加值工艺品等方向发展。从农业生态系统能量转化的角度来分析，单纯采用某一种利用方式，秸秆能量转化率和利用率会受到限制。因此，根据各类秸秆的组成特点，因地制宜，把其中几种方法有机地组合起来，形成一种多层次、多途径综合利用的方式，从而实现秸秆利用的资源化、高效化和产业化是未来生态农业发展的必然趋势。

（二）加强技术基础研究

首先是完善秸秆还田技术研究。对作物秸秆的综合多级利用、秸秆残体腐解与土壤肥力、植物营养、生理代谢等方面的许多内在联系需要作进一步的研究。为了从根本上解决秸秆焚烧问题，引导种植者走向秸秆还田之路，就必须不断探索和研究既简便又经济的秸秆还田的新技术、新方法，从技术上、经济效益、劳动强度等方面解决秸秆直接还田中存在的问题。其次是加强纤维素酶的研究。通过筛选高产纤维素酶菌株，并研究其配套的发酵工程技术，使大量的秸秆等纤维素资源得到合理的开发利用。据估计，仅我国的稻草、麦秆、稻壳、棉籽壳及玉米芯等农作物秸秆年产 8×10^8t，假如其中纤维素含量为40%，若能用纤维素酶使其中 2% 转化为糖，假如酶的转化率为 50%，则每年就可获得 320×10^4t 糖。这些糖可为工业、食品、饲料生产等提供原料。最后是进一步加强秸秆加工设备的研究。秸秆的综合利用将促进一系列新型设备的研制与应用，进一步提高秸秆的加工增值效益。

（三）加强政府行政推动

农作物秸秆综合利用是一项社会生态效益高、涉及面广的系统工程，需采取科技、政策、法律等多部门联手协作的立体推进措施，各级政府承担首要责任，要加强对秸秆综合利用工作的重视和支持，在注重调查研究和宣传引导的前提下，因地制宜，加大对各项技术的推广支持力度，尽快扶持建设一批具有代表性的农作物秸秆加工企业，发挥示范作用。

（四）发挥好典型示范作用

根据国家相关总体规划和政策导向，紧紧围绕农业、经济等实际情况，制定出农作物秸秆综合利用的中长期规划。由于各地区不同的综合自然条件和经济水平，规划应充分考虑把外部推动和农民的实际需求结合起来，注重传统方式与现代技术的结合，统筹考虑，统一安排，以便逐步形成区域化、专业化和产业化的格局，并体现分步实施，由低级向高级渐进发展的思路。

（五）加强宣传和技术培训

要高度重视宣传培训工作，用实际效果引导、教育农民群众，转变观念，采用综合利用措施处理剩余秸秆。大力宣传政府或部门的有关政策，提出秸秆禁烧和综合利用的具体要求，做到家喻户晓。也要发挥新闻媒体对秸秆综合利用的舆论引导和对焚烧秸秆的监督作用，在全社会范围内开展秸秆综合利用的经济、社会和生态效益等知识的科普宣传，为秸秆综合利用工作创造一个良好的社会舆论环境。

（六）发挥好新技术带动作用

技术的创新和应用是秸秆综合利用的根本出路。技术应用要因地制宜，积极推动各项实用综合利用技术的推广应用。要加强秸秆综合利用方面的基础研究和多学科交叉研究。目前的秸秆还田以直接还田为主，要对植物纤维的综合性分析分类、对秸秆残体腐解与土壤肥力、植物营养、生理代谢等方面许多内在联系加强基础研究。现有的饲料化加工也急需形成一个将生物学、营养学、动植物学综合交叉的多样化处理技术体系。

第二章 秸秆肥料化利用技术

第一节 秸秆粉碎直接还田技术

一、技术内容及特点

（一）技术内容

秸秆粉碎直接还田机械化技术是指用收获机自带的粉碎装置或专用秸秆粉碎还田设备将茎秆和茎叶粉碎并抛撒在田间，粉碎后可耕翻将已粉碎的秸秆深埋入土进行还田或者直接覆盖于地表，可对小麦、水稻、高粱、玉米等软硬秸秆进行粉碎。秸秆粉碎直接还田技术主要有秸秆机械粉碎覆盖还田技术和秸秆机械粉碎翻压还田技术两种。

（二）技术特点

1. 地力培肥，归还养分

提升土壤有机质，同时还向土壤中归还了氮、磷、钾、镁、钙及硫等作物必需营养元素，因此长期实施可使低产田转变为中高产田。

2. 改善土壤环境，增强微生物活性

秸秆还田使土壤容量降低，土质疏松，通气性提高，土壤结构得到明显改善。秸秆中含有大量的能源物质，还田后生物激增，土壤生物活性强度提高，接触酶活性可增加 40% 以上。随着微生物繁殖力的增强，生物固氮增加，土壤碱性降低，酸碱趋于平衡，养分结构逐步合理。

3. 抗旱保墒，提高地温

秸秆还田提高土壤有机质的同时，可作为吸水持肥的载体，抑制土壤水分蒸发，防止土壤养分流失，同时提高地温。据测定，连续 6 年秸秆直接还田，土壤的保水、透气和保温能力显著增强，吸水率提高近 10 倍，地温提高 1～2℃。

4. 提高产量，增加收入

秸秆还田使土壤具备了“保水、培肥、通气、提温”的本领，为农作物生长提供最优的“水、肥、气、热”条件，作物产量显著增加，形成良性循环。试验结果显示：连续实施秸秆还田 3 年，可以使作物产量提高 10%，亩（1 亩≈ 666.7 平方米。全书同）节约化肥纯量 3～5 kg。

二、机具配套

秸秆粉碎还田机是通过万向节传动轴或皮带、链传动将拖拉机动力输出轴或联合收割机的动力经机具传动系统传递至粉碎部件，驱动粉碎部件高速旋转用于对田间农作物（玉米、高粱、小麦、水稻、棉花等）秸秆进行粉碎并抛撒还田。在保护性耕作技术应用中，秸秆粉碎还田机常作为免耕播种机的配套机具，用于免耕播种作业前对秸秆进行粉碎处理，将地表秸秆、残茬及杂草粉碎、细化，以减少其对免耕播种机的堵塞和播种质量的影响。

秸秆粉碎还田机的工作原理为逆向高速旋转（刀轴旋转方向与拖拉机或联合收割机驱动轮转向相反）的粉碎刀对直立或地上的秸秆及残茬进行冲击、砍切并将其拾起，随着机器行进秸秆不断喂入，同时粉碎刀高速旋转所形成的气流会在喂入口处造成负压，在其作用下，秸秆被吸入机壳内（粉碎室），机壳内安装有定齿与定刀，动、定刀的相对运动及折线型机壳内壁方向的改变对秸秆的阻挡、限制，使秸秆受到多次剪切、打击、撕裂、搓擦，被粉碎成碎段和纤维状，在气流及离心力作用下被抛送出去，抛撒到田间并为地轮压平。

（一）秸秆粉碎还田机分类

秸秆粉碎还田机有多种分类方法，如表 2-1 所示。

1. 与拖拉机配套的秸秆粉碎还田机

目前，国内较普遍使用的是与拖拉机和联合收割机配套采用齿轮、单边皮带传动的卧式秸秆粉碎还田机，通常采用逆转方式作业，能够充分地将地面的秸秆捡拾并粉碎。立式秸秆粉碎还田机多用于棉花秸秆的粉碎还田。与拖拉机配套使用的卧式秸秆粉碎还田机最常用的悬挂位置是后置式，采用标准三点悬挂方式，拖拉机动力通过万向节传动轴传递至机具。如图 2-1 所示。

表 2-1　秸秆粉碎还田机分类

<table>
<tr><td rowspan="15">秸秆粉碎还田机</td><td rowspan="3">按主要工作部件粉碎刀的结构形式</td><td>锤爪式秸秆粉碎还田机</td></tr>
<tr><td>Y 形甩刀式秸秆粉碎还田机</td></tr>
<tr><td>直刀式秸秆粉碎还田机</td></tr>
<tr><td rowspan="2">按粉碎刀轴的运动方式</td><td>卧式秸秆粉碎还田机（粉碎刀轴绕与机具前进方向垂直的水平轴旋转）</td></tr>
<tr><td>立式秸秆粉碎还田机（粉碎刀轴绕与地面垂直的轴旋转）</td></tr>
<tr><td rowspan="4">按动力传动方式</td><td>单边传动秸秆粉碎还田机</td></tr>
<tr><td>双边传动秸秆粉碎还田机</td></tr>
<tr><td>齿轮、胶带传动秸秆粉碎还田机</td></tr>
<tr><td>齿轮、链条传动秸秆粉碎还田机</td></tr>
<tr><td rowspan="2">按配套方式</td><td>与拖拉机配套的秸秆粉碎还田机</td></tr>
<tr><td>与联合收割机配套的秸秆粉碎还田机</td></tr>
<tr><td rowspan="2">按粉碎作物种类</td><td>玉米秸秆粉碎还田机</td></tr>
<tr><td>稻麦秸秆粉碎还田机</td></tr>
<tr><td rowspan="2">按机具相对于拖拉机宽度的关系</td><td>正配置秸秆粉碎还田机</td></tr>
<tr><td>偏配置秸秆粉碎还田机</td></tr>
</table>

图 2-1　卧式秸秆粉碎还田机

图 2-2　微型秸秆粉碎还田机

微型秸秆粉碎还田机外形小巧，适用于小地块，与 10 马力以上手扶拖拉机配套。该机采用前后 2 个刀轴，增强秸秆粉碎能力（图 2-2）。

2. 与玉米联合收割机配套的秸秆粉碎还田机

与玉米联合收割机配套的秸秆还田机可进一步细分为后置式、中置式与前置式连接方式。最常用的为后置式，对于自走式联合收割机，机具采用双连接臂机构与其机架铰接，用液压油缸实现升降，联合收割机的动力通过三角皮带传递至机具；对于背负式玉米联合收割机，机具悬挂方式与拖拉机配套使用的相同。如图 2-3 所示。

图 2-3 后置式后置式挂接秸秆粉碎还田机

中置式挂接方式，是将秸秆粉碎还田机悬挂于玉米联合收割机的前后轮中间，采用双连接臂机构与玉米联合收割机的机架铰接，用液压油缸实现升降，联合收割机的动力通过三角皮带传递至机具。如图 2-4 所示。

图 2-4 中置式秸秆粉碎还田机

前置式挂接方式（图 2-5），是将秸秆粉碎还田机悬挂于玉米联合收割机的割台与前轮之间，用旋转框架与液压油缸联合支撑机具并实现升降，联合收割机的动力通过三角皮带或链条传递至机具。

图 2-5　前置式秸秆粉碎还田机

3. 与稻麦联合收割机配套的秸秆粉碎还田机

由于稻麦秸秆细软绵长的特性，要求刀轴转速达到 3 000 r/min，因此对粉碎轴的加工工艺、精度和动平衡要求很高。稻麦秸秆粉碎还田机与联合收割机的连接主要有直联式、抽拉式（滑移式）和翻转式。

直联式是将机具用螺栓直接连接在稻麦联合收割机的排草口处，见图 2-6。

图 2-6　直联式稻麦秸秆粉碎还田机

滑动式结构简单、安装牢固、成本低，缺点是拆卸不方便。与直联式相比，抽拉式要加装一个过度接口，使接口与稻麦联合收割机排草口相连，下部焊有滑道。使用时将粉碎还田机推入接口的滑道，挂上三角皮带即可作业。不用时摘下三角皮带，将还田机拉出滑道，非常方便，见图 2–7。

图 2–7　滑动式秸秆粉碎还田机

翻转式是在过渡接口上焊一对铰链，使其与稻麦秸秆粉碎还田机铰接，不用时可将机具翻转并悬挂在稻麦联合收割机上，见图 2–8。

图 2–8　翻转式秸秆粉碎还田机

与拖拉机配套的秸秆粉碎还田机按其相对于拖拉机宽度的关系还可分为偏置式和正置式。偏置式是指机具悬挂架中心面偏离拖拉机纵向中心面一定距离。采用偏置式的原因是由于拖拉机宽度一般都大于与其配套使用的秸秆粉碎还田机的工作幅宽，为使作业时能粉碎到地边，不留行，不丢秸秆，一般将机具的悬挂装置相对其纵向中心面偏离一定距离，即制成偏置式。目前偏置式机具使用较广泛，多采用机具向右偏置，好处在于机具作业开始就能粉碎到地边、不丢行。

随着国内大功率拖拉机的发展与使用，为了满足与其配套农机具不断增长的市场需求，企业研制了较大型秸秆粉碎还田机，使其工作幅宽稍大或与拖拉机的宽度相同，挂接时机具中心面与拖拉机的纵向中心面重合，即正置式秸秆还田机。与联合收割机配套的秸秆粉碎还田机一般为正置式。

（二）秸秆粉碎还田机的结构特点

1. 卧式秸秆粉碎还田机

卧式秸秆粉碎还田机（图 2-9）的刀轴呈横向水平配置，安装在刀轴上的甩刀在纵向垂直面内旋转。卧式秸秆粉碎还田机主要由传动机构、粉碎室和辅助部件等部分组成。传动机构由万向节传动轴、齿轮箱和皮带传动装置组成。粉碎室由罩壳、刀片和铰接在刀轴上的刀片组成。刀片的形式有 L 形、直刀形、锤爪式等，辅助部件包括悬挂架和限深轮等。通过调整限深轮的高度，可调节留茬高度，同时确保甩刀不打入土中。

图 2-9　卧式秸秆粉碎还田机

卧式秸秆粉碎还田机与拖拉机动力输出轴连接，由拖拉机动力输出轴输出的动力经万向节、主变速箱二轴带动主动轮旋转，主动轮通过三角皮带带动被动轮及粉碎滚筒旋转，安装在粉碎滚筒上的锤爪随滚筒旋转，在离心力作用下张开。高速旋转的锤爪将地面上的作物秸秆抓起，喂入机壳与滚筒组成的粉碎室。此时，秸秆被第一排定齿切割，大部分被切碎。未被粉碎的秸秆，在折线形的机壳内壁受到壳壁截面变化的影响，导致气流速度的改变，使秸秆多次受到锤爪的撞击被粉碎。当秸秆进入锤爪与后排固定齿间隙时，再次受到剪切和撕拉，被粉碎的秸秆经导流板均匀抛撒在田间。紧随其后的限深滚筒将留下的根茎连同秸秆压实在地面上，这样就完成了全部工作过程。

2. 立式秸秆粉碎还田机

立式秸秆粉碎还田机由悬挂架、齿轮箱、罩壳、粉碎工作部件、限深轮和前护罩等组成。立式秸秆粉碎还田机与拖拉机动力输出轴连接，拖拉机动力输出轴输出的动力，通过万向节传动轴、传动齿轮箱输入横轴，经过圆锥齿轮增速和转向后，使垂直立轴旋转，带动安装在立轴上的刀盘工作。罩壳侧板上装有定刀块，在前方喂入口设置了喂入导向装置，使两侧的茎秆向中间聚集，以增加甩刀对秸秆的切割次数，改善粉碎效果。罩壳的前面还装有带防护链或防护板的前护罩，从而只允许秸秆从前方进入，而不许粉碎后的秸秆从前方抛出。在罩壳后方排出口装有排出导向板，以改善铺撒秸秆的均匀性。限深轮装在机具的两侧或后部，通过调节限深高度，可调整留茬高度，保证甩刀不入土，并有良好的粉碎质量。

（三）粉碎刀的种类、结构形式与功用

秸秆粉碎还田机粉碎刀的种类有锤爪式、直刀式和弯刀（甩刀）式。

1. 锤爪式粉碎刀

如图 2-10，这种刀型是使用最早的一种。锤爪式粉碎刀的质量大，可产生较大的锤击惯性力，产生的负压高，喂入性好，对玉米、高粱、棉花等硬质秸秆有较好的粉碎性能，但消耗功率较大，工作效率低，秸秆韧性大时，粉碎质量差。

图 2-10　锤爪式粉碎刀

锤爪式秸秆粉碎还田机，每台机具使用 10～15 把锤爪，由于锤爪数量少，使用维修费用低。该类机型对沙石地适应性好，适用于山地、近海、滩涂及平原等各种地况。锤爪式粉碎刀在刀轴上按单螺旋线排列。

2. 直刀式粉碎刀

直刀式粉碎刀一般三片成组使用，间隔较小，排列较密，刀片工作部分开刃。作业时有多个刀同时进行切断，对秸秆撞击次数多，粉碎效果好，刀片运转阻力小，消耗功率较小，工作效率高。粉碎刀在刀轴上按螺旋线排列，刀轴经过平衡试验，工作平稳，振动小（图 2-11）。

图 2-11　直刀式粉碎刀

3. 弯刀（甩刀）式粉碎刀

弯刀式（甩刀）粉碎刀一般两片

成组使用，安装成Y形，也有采用两弯加一直或四弯加一直的。刀片切割（弯曲）部分开刃，对秸秆剪切功能增强。在刀轴高速旋转时，粉碎刀进行甩击，击碎、切断秸秆，粉碎效率高，秸秆的捡拾性能好，对不同秸秆种类的适应性强。与锤爪式粉碎刀比较，弯刀的体积、质量和所受到的阻力小，消耗功率较小。弯刀（甩刀）型秸秆粉碎还田机动力消耗介于直刀和锤爪式机型之间，作业效率较高，适于粉碎棉花、小麦、向日葵等秸秆。弯刀式粉碎刀在刀轴上一般采用星形排列方式（图2-12）。

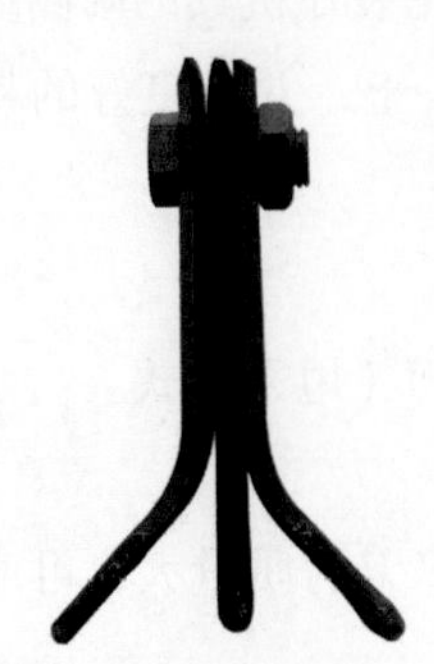
图2-12 弯刀式粉碎刀

（四）秸秆粉碎还田机作业的农业技术要求

根据NY/T 500—2015秸秆粉碎还田机作业质量，玉米、高粱等作物秸秆粉碎合格长度不大于100 mm，小麦、水稻等作物秸秆粉碎合格长度不大于150mm。与拖拉机配套的秸秆粉碎还田机的主要性能指标应符合表2-2的规定。

表2-2 与拖拉机配套的秸秆粉碎机的主要性能指标

序　号	项　目	质量指标要求
1	粉碎长度合格率，%	≥ 80
2	残茬高度，mm	≤ 80
3	抛撒不均匀度，%	≤ 20
4	漏切率，%	≤ 1.5，且无明显漏切

注：粉碎合格长度，玉米秸秆≤ 100mm，麦类、水稻秸秆≤ 150mm，棉花秸秆≤ 200mm.

三、工艺流程

（一）秸秆机械粉碎覆盖还田技术

技术路线：机械粉碎秸秆→均匀铺放地表→免耕播种 / 浅旋播种。

秸秆粉碎覆盖还田技术是指在作物收获的同时，将秸秆粉碎抛撒在地表（或用割晒机收割留高茬后，用秸秆粉碎机将秸秆粉碎抛撒在地表），然后用免耕播种机将作物直接播种在茬地上或浅旋后播种。秸秆覆盖可以减少土壤水分的蒸发，达到保墒的目的。腐烂后的秸秆可增加土壤有机质，增强土壤生物活性，平衡土壤的酸碱度，使养分结构更加合理适宜。

（二）秸秆机械粉碎翻压还田技术

技术路线：机械粉碎秸秆→均匀铺放地表→铧式犁翻埋（或旋耕机混埋）→整地。

秸秆粉碎翻压还田技术是将作物秸秆粉碎后，利用铧式犁或旋耕机将碎秸秆翻埋到土壤中或与土壤混合，是大面积实现以地养地，建立高产稳定农田的有效途径之一。

四、注意事项

（一）注意防火

在作物收获后到完成播种前的长时间里，地面都有秸秆覆盖，有时秸秆可能相当干燥，很容易引起火灾，所以防火十分重要。应禁止人们在田间用火、乱丢烟头，特别防范小孩在田间玩火。

（二）安全作业要求

（1）秸秆切碎器转速和冲击频率较高，作业时禁止任何人跟随在切碎器后方，以免被机具甩出的石块和杂物击伤。

（2）不得私自拆除、改装防护装置。严禁在机具粉碎作业时除故障，比如清除机具夹带的杂草、杂物等。

（3）作业时，禁止锤爪打土，防止无限增加扭矩而引起故障。若发现锤爪打土时，应调整地轮离地高度或拖拉机上悬挂拉杆的长度。

（4）转弯时应将还田机提升，转弯后方可降落工作。还田机提升、降落时，应注意平稳，工作中禁止倒退，路上运输时必须切断拖拉机后输出动力。

（5）作业中应注意清除缠草，避开土埂、树桩等障碍物，地头留 3～5m 的机组回转地带。

（6）作业中应随时检查皮带的松紧程度，以免降低刀轴转速而影响粉碎质量和加剧皮带磨损。发生震动或异响时，应立即停机检查，检查时必须关闭发动机并拔下钥匙。

（7）每班次作业后要保养机具 1 次；每工作 40 h，应进行安全检查。

（三）注意协调秸秆还田与他用的关系

秸秆覆盖还田在需要将秸秆作为饲料、燃料的地区会产生秸秆还田与他用的矛盾。但是，应该认识到农业要持续发展，必须有一定数量的秸秆还田。把一部分秸秆覆盖还田，短期看少了些用料，但长远看，土地肥沃了，生态环境好了，产量更高、秸秆更多，用料也能够更充裕。

五、适宜区域

因各地的气候、作物、土壤和种植制度不同，因此东北农区、华北农区、西北农区、长江中下游农区、西南农区、南方农区适用不同的秸秆还田模式。秸秆机械粉碎还田技术既适用于一年一熟地区，也适用于一年多熟地区。秸秆机械粉碎覆盖还田技术必须与深松、免耕播种技术相结合，大多用于土壤肥沃、地块平整、交通便利的地区，应用范围较广。

第二节　秸秆腐熟还田技术

一、技术内容及特点

（一）技术内容

秸秆腐熟还田技术是通过接种外源有机物料腐解微生物菌剂（简称为腐熟剂），充分利用腐熟剂中大量木质纤维素降解菌，快速降解秸秆木质纤维物质，最终在适宜的营养、温度、湿度、通气量和 pH 值条件下，将秸秆分解矿化成为简单的有机质、腐殖质以及矿物养分。

（二）技术特点

秸秆腐熟还田技术在秸秆粉碎还田时接种有机物料腐解微生物菌剂，促进还田秸秆快速腐解。

二、机具配套

腐熟剂施用按用量，可以加水喷洒在秸秆上，这样既施用均匀又能使秸秆腐熟剂得到充分利用，或者将秸秆腐熟剂用泥土（或肥料）搅拌均匀后，使用固体厩肥撒施设备撒施到田内，随后进行整地。两种方法最好在无风条件下作业，需要把腐熟剂和秸秆混拌均匀。

（一）液态腐熟剂喷洒设备

液态腐熟剂可使用常规打药机进行田间喷洒，如 3WPZ-2000 四轮打药机、3WPZ-700 自走式打药机等自走式打药机均可喷洒。其中 3WPZ-2000 四轮打药机四轮驱动，四轮转向，可对农作物进行大面积喷雾作业，作业效率高。该款打药机离地高度 1.0 m，轮距 1.7～2.0 m（30cm 可调），药箱 2 000L，喷杆 12 m（图 2-13）。

3WPZ-700 自走式打药机采用低量防滴快速组装喷头，雾化好，防漂移，喷杆自动伸缩，喷幅 12 m，药箱容量 700 L，每小时旱田防治可达到 70～100 亩（图 2-14）。

图 2-13　3WPZ-2000 四轮打药机

图 2-14　3WPZ-700 自走式打药机

（二）固态腐熟剂撒施设备

1. 2FY-8 牵引式撒肥机

2FY-8 牵引式撒肥机可与 70～120 马力拖拉机配套作业，以撒播石灰、各种沤肥、有机肥为主。肥箱容积 8m^3，撒施宽度 6～15 m（图 2-15）。

2. 2FZL1500 自走式撒肥机

2FZL1500 自走式撒肥机可抛撒土杂肥、有机肥、颗粒肥，装载容量 1.5m^3，撒播宽度 5～10 m 可调。自带动力，转弯半径小、体积小，非常适用于蔬菜大棚和小块土地的使用（图 2-16）。

图 2-15　2FY-8 牵引式撒肥机

3. 2FSQ-4.6 厩肥撒播机

2FSQ-4.6 厩肥撒播机利用拖拉机后动力输出，带动车厢内的输送链自动把肥料向后输送，然后通过高速旋转的破碎轮和撒播轮均匀地将肥料撒布还田。最大装载量 3 000kg，最大装载容

图 2-16　2FZL1500 自走式撒肥机

图 2-17　2FSQ-4.6 厩肥撒播机

量 4.6m^3，抛撒宽度 3 m，工作速度 3～7km/h（图 2-17）。

三、工艺流程

（一）玉米快速腐熟还田技术

技术路线：秋季玉米收获后剔除病株→秸秆粉碎还田→施入秸秆腐熟剂→深翻→旋耕→镇压。

1. 还田前准备

秋季玉米收获后，无论机械收获还是人工摘穗，首先都需要人工剔除病株，如玉米丝黑穗病、顶腐病等，防止传播病菌，加重下茬作物病害。如果秸秆病虫害严重的地块，不宜进行还田。

2. 还田时间

玉米秸秆还田的最佳时期为玉米成熟后，秸秆呈绿色，含水量在 30% 以上，此时含糖分、水分较大，易碎，有利于切割、粉碎和加快腐解。

3. 还田方式

根据当地玉米种植规格，具备的动力机械，收获要求等条件，选用适宜的还田方式进行秸秆还田。还田方式采用玉米收获机直接粉碎还田，也可人工摘穗后采用秸秆还田机作业，秸秆切碎长度小于 10 cm，均匀覆盖地表。

4. 秸秆腐熟剂施用

玉米秸秆还田后，每亩施用秸秆腐熟剂用量 2～3 kg，还需增施氮肥，因为玉米秸秆腐解过程中，微生物分解秸秆时需要吸收一定数量的氮素，玉米秸秆碳氮比为（65～85）：1，而适宜微生物活动的碳氮比为 25：1，易出现微生物与作物幼苗争夺土壤中速效氮素的现象，所以秸秆粉碎后，要撒施 5 kg 尿素，还可以加快秸秆腐熟速度。秸秆腐熟剂每亩施用量较少，不宜撒施，要与适量的细沙土混匀后，均匀地撒在秸秆上。

5. 及时深翻

秸秆粉碎撒入田地后，要及时用翻转犁将秸秆翻埋入土，深度一般要求

20～30cm，达到粉碎秸秆与土壤充分混合，地面无明显粉碎秸秆堆积，以利于秸秆腐熟分解和保证种子出苗。

6. 旋耕、镇压

春播前，机械旋垄，旋耕深度在 15～20 cm 为宜，旋耕后要进行镇压，消除因秸秆造成的土壤架空，达到无明暗坷垃，土碎地平，为播种创造良好条件。

7. 播前准备

土壤水分状况是决定秸秆腐解速度的重要因素，若土壤过干，会严重影响土壤微生物的繁殖，减缓秸秆分解的速度，所以秸秆翻入土壤后，如果墒情不好需浇水调节土壤含水量。

（二）稻草快速腐解还田技术

技术路线：收割→施肥→加秸秆腐熟剂→抛秧。

收割：一种是留高茬收割，尾草留于田间，100% 稻草还田；另一种是低茬收割，脱粒后也全量还田。

施肥：将计划施用的有机肥和无机肥施于田中。

施用秸秆腐熟剂：按秸秆腐熟剂产品推荐使用量使用，均匀地撒于田间。施用时田间有水层 2～3 cm。

抛秧：施用腐熟剂以后，农田静置一天，即可进行抛秧。抛秧时，田间应保持一定的水层，留高茬稻田和稻草条状覆盖水层较浅，为 2～3cm；稻草全田覆盖的稻田水层较深，为 5cm 左右，以淹没稻草为准，确保秧根与水接触（图 2-18）。

图 2-18　稻草堆沤还田

四、注意事项

1. 菌剂的筛选

采用含有效微生物菌种两种或两种以上复合菌剂为宜，用于秸秆直接还田的微生物降解菌应以常温菌为主，用于南方稻田的菌种应以兼气性为主等。

2. 水分

含水量在田间持水量的 60%～ 70%时，较适合于秸秆的分解。秸秆过干、土壤湿度低的情况下腐熟剂不会发挥作用，要在秸秆上面喷洒一些水，使秸秆吃透吃饱水，使土壤保持湿润，尽量保证足够的含水量。

3. 温度

秸秆还田后，一般田间温度在 7～37℃，秸秆的分解速度随温度升高而加快，小于 10℃ 时分解能力较弱，高于 50℃则基本停止对秸秆的分解。因此，在应用腐熟剂时，要根据天气情况，避免过低和过高温度时期，选择合理的使用时间。

4. 碳氮比

秸秆直接还田后，适宜秸秆腐解的碳氮比为（20～30）：1，需要通过尿素等氮肥的施用来调节碳氮比，对于稻麦油秸秆全量还田时，在原来施肥量基础上，每亩应额外增加 3～5 kg 尿素，或将后期施氮前移。

5. 腐熟剂

适用于大田作物秸秆的还田，不适用于易引起连作障碍的蔬菜秸秆等还田使用。

6. 腐熟剂

施用后应避免长时间晴天暴晒，同时也不能与大量化肥和杀菌剂混施，使用时应尽量选择阴天或早上或黄昏，避免阳光紫外线照射腐熟剂。

五、适宜区域

秸秆腐熟粉碎粉碎还田技术适宜大田作物秸秆产生量大、茬口紧张的两熟及两熟以上区域。

第三节　秸秆好氧堆肥技术

一、技术内容及特点

秸秆好氧堆肥技术主要是利用好氧微生物，进行秸秆有机分解转化的生物化学技术。秸秆等有机固体废弃物与自然界中能够高产特定酶的微生物结合，有效地促进有机固体废物转化为稳定的腐殖质。好氧堆肥化过程中，好氧微生物对废弃物中的有机物进行分解和转化，此过程的终产物是 CO_2、H_2O、热量和腐殖质。好氧堆肥见图 2-19。

好氧堆肥是在有氧的条件下，依靠好氧微生物（主要是好氧细菌）的作用来进行的。在堆肥过程中，有机废物中的可溶性有机物质可透过微生物的细胞壁和细胞膜被微生物直接吸收，而不溶的胶体有机物质，先被吸附在微生物体外，依靠微生物分泌的胞外酶分解为可溶性物质，再渗入细胞。微生物通过自身的生命代谢活动，进行分解代谢（氧化还原过程）和合成代谢（生物合成过程），把一部分被吸收的有机物氧化成简单的无机物，并释放生物生长、活动所需要的能量，把另一部分有机物转化合成新的细胞物质，使微生物生长繁殖，产生更多的生物体。

图 2-19　好氧堆肥

二、机具配套

秸秆好氧堆肥需要的配套的设备主要有粉碎机、混料机，翻抛机、筛分机、装袋机。

（一）秸秆粉碎机

3350 型秸秆粉碎机（图 2-20）由喂料仓、切碎机、输送机和电机及自动供油保护系统组成。装载机、输送机或龙门吊可直接将麦草、打包草、棉秆、芦苇等秸秆原料装进喂料仓内。喂料仓可自动不间断地向下方切草机喂料。切草机根据要求将原料送往下一工段。也可直接进除尘器进行除尘可根据用户要求与除尘器直接配套。喂料仓容积 6m^3，切碎机效率 10～12t/h，功率 90kW。

图 2-20　3350 型秸秆粉碎机

BY1400-800 型秸秆粉碎机可加工农作物秸秆、蔬菜废弃物、林果残枝等农业废弃物，适用范围广泛。采用链板式进料，根据主电机负荷自动调节进料

图 2-21　BY1400-800 型秸秆粉碎机

速度。使机器满负荷运转，避免空载运行，提高生产能力。设备靠冲击能来完成破碎木材作业。锤式综合破碎机工作时，电机带动转子作高速旋转，物料均匀地进入综合破碎机腔中，高速回转的锤头冲击、剪切撕裂物料使其破碎，同时物料自重作用使其从高速旋转的锤头冲向架体内挡板、筛条，在转子下部，设有筛板、粉碎物料中小于筛孔尺寸的粒级通过筛板排出，大于筛孔尺寸的物料阻留在筛板上继续受到锤子的打击和研磨。进料口尺寸为 1 400mm × 800mm，加工原料最大直径 200mm（图 2-21）。

（二）混料搅拌装载机

图 2-22　ZL932 型混料搅拌装载机

ZL932 型混料搅拌装载机用于粉碎上料、混合原料、转移、装卸物料等，有效提升作业效率，降低工人劳动强度。料斗容量 0.7m^3，卸载高度 3.5m，额定装载质量 1 600kg（图 2-22）。

（三）翻抛机

LYFP400 翻抛机是一种基于动态堆肥生产的机械设备，适合条垛式好氧发酵工艺。全板式结构，具有全密封双驱翻料系统，可使发酵物料得到充分的供养、粉碎和曝气，适用于畜禽粪便、农作物秸秆，污泥等有机固体废弃物的发酵处理。处理堆宽 3 800～4 200mm，处理高度 1 600～2 000mm，工作能力 1 000～4 000m^3/h（图 2-23）。

图 2-23　LYFP400 翻抛机

（四）筛分装袋设备

将完成发酵的物料输送到筛选机进行筛选，体积较大的物料被筛分出去，粉末状的合格物料输送至包装机料桶进行最后的灌装，最终制成有机肥成品（图 2-24）。

图 2-24　筛分装袋设备

三、工艺流程

（一）堆肥工艺流程

前处理→主发酵（一次发酵）→后发酵（二次发酵）→后处理→贮存（图 2-25）。

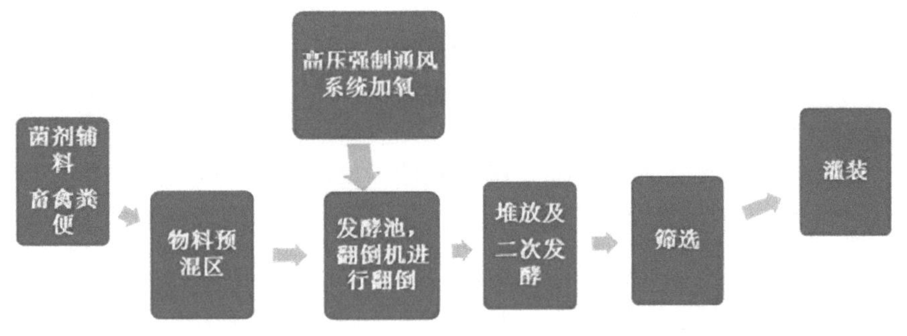

图 2-25　好氧堆肥工艺流程

1. 预处理阶段

包括物料分选、破碎以及含水率及碳氮比的调整。首先去除废物中的金属、玻璃、塑料和木材等杂质，并破碎到 40mm 左右的粒度，然后选择堆肥原料进行配料，以便调整水分和碳氮比。

2. 发酵阶段

好氧堆肥从有机固体废弃物的堆积到腐熟的微生物生化过程非常复杂。我国大都采用一次发酵方式，周期长达 30 天，目前采用二次发酵方式，周期一般用 20 天。一次发酵是好氧堆肥的中温与高温两个阶段的微生物代谢过程，具体从发酵开始，经中温、高温然后到达温度开始下降的整个过程，一般需要 10～12 天，高温阶段持续时间较长。二次发酵指物料经过一次发酵后，还有一部分易分解和大量难分解的有机物存在，需将其送到后发酵室，堆成 1～2m 高的堆垛进行二次发酵并腐熟。当温度稳定在 40℃左右时即达腐熟，一般需 20～30 天。

（1）升温阶段。升温阶段又称为中温阶段或者产热阶段。在堆肥的初期，

堆肥中中温菌和嗜温性的微生物逐渐变得活跃，能够利用有机固体废弃物中的可溶性的物质作为营养源开始生长繁殖，在转换和利用化学能的过程中部分变成热能向外释放，这个时候由于这些固体废弃物保温性较好的因素，使得堆体的温度不断增加，这个阶段的微生物主要是中温型好氧菌为主，也就是无芽胞杆菌。这个阶段微生物种类极多，主要是细菌、放线菌和部分真菌。因为细菌特别适应以水溶性单糖类作为生长繁殖的碳源，放线菌和真菌因为其特殊的能力，能够产生部分纤维素酶和木聚糖酶，因此对于分解纤维素和半纤维素具有特殊的功能。

（2）高温阶段。随着堆体温度的不断攀升，一般超过42℃以上是就迅速进入高温阶段，在这个阶段，嗜温性微生物（37℃以上很难存活）由于受到高温逐渐死亡，嗜热性微生物逐渐取代占据主导地位，在有机固体废弃物中残留的和前阶段新生成的可溶性有机物质开始继续分解转化，纤维素、半纤维素和部分蛋白质分解加剧，在50℃左右主要是嗜热真菌和放线菌在起关键作用，一旦温度攀升到60℃以上时真菌停止活动，转入嗜热真菌和细菌的高峰期，当温度升到70℃以上后，仅有部分芽孢杆菌在起作用，其他的微生物大部分死亡或者进入休眠期。这个过程与细菌的生长繁殖规律一致，微生物在高温阶段的3个时期：对数生长期、减速生长期和内源呼吸期。经过高温的3个时期变化后，堆体内有机物的分解进入下一期，也就是腐殖质的形成和有机物质的稳定化时期。

（3）腐熟时期。整个堆体在微生物生长后期，除了非常难分解的有机物质和新形成腐殖质外，所有的微生物活性都降低，这个阶段产热量明显降低，温度逐渐下降。嗜温性微生物又开始活跃，对残留有机物做进一步分解，这个阶段腐殖质不断增加并且趋于稳定化，也就是进入腐熟阶段，这个阶段的一个主要指标就是需氧量大大减少，含水量基本降到40%及以下，整个堆肥的孔隙度明显增加，氧气扩散能力加强，基本完成腐熟。

3. 后处理阶段

对发酵熟化的堆肥进行处理的阶段，进一步去除堆肥中前处理过程中没有去除的杂质和进行必要的破碎过程。经处理后得到的精制堆肥含水在30%左右，碳氮比为（15～20）：1。

4. 贮存阶段

贮存是指堆肥处理前必须加以堆存管理，一般可直接存放，也可装袋存放。但贮存时要注意保持干燥通风，防止闭气受潮。

（二）典型工艺

1. 好氧静态堆肥工艺

通常采用的静态堆肥为露天强制通风垛，或是在密闭的发酵池、发酵箱、静态发酵仓内进行。当一批物料堆积成垛或置入发酵装置后，即处于不再添加新料和翻倒，直至物料腐熟后运出。

2. 间歇式好氧动态堆肥工艺

间歇式堆肥采用静态一次发酵的技术路线，其特点是发酵周期短，可使堆肥体积有所减少。具体操作是采用间歇翻堆的强制通风垛或间歇进出料的发酵仓，将物料批量地进行发酵处理。

3. 连续好氧动态堆肥工艺

其工艺采取连续进料和连续出料的方式进行，在一个专设的发酵装置内使物料处于一种连续翻动的动态下，易于形成空隙，其组分混合均匀，水分蒸发迅速，故而发酵周期得以缩短，与此同时还有效地灭活病原微生物，并可防止异味的产生。

四、注意事项

1. 调节有机物和营养物的含量

农作物秸秆、畜禽粪便成分复杂，营养物含量差异较大，但是有机质含量一般均较高。但是如果有机质含量如果过高，在发酵的过程中需要高的通氧量，如果氧气不能满足将会导致臭气和臭氧，因此有机质含量需要调节到20%～80%相对合适。另外，好氧发酵过程中，微生物生长出了需要一定的碳源之外，还需要氮源及微量元素（铁、锰、铜、锌、钙、铁）等，并且有些物质不仅不能被微生物所利用，还有可能起到抑制微生物生长和繁殖的作用，因此在好氧发酵有机固体废弃物的过程中，需要适当调节碳源和其他物质的合适比例。

2. 碳氮比

在有机固体废弃物好氧发酵的过程中，碳是好氧发酵过程中的反应的能量来源，也是能否起到发酵的动力和维持发酵的热源；氮是好氧微生物生长的营养来源，对维持微生物的合成和生长的控制因素。结合实际的经验，现在对好氧发酵的碳氮比要求控制在（25～35）：1的水平能够较好地维护整体的运转。在这个过程中，如果碳的比例过高而氮源过低，降解的速度将会下降，导致发酵周期的延长，并且微生物生长的能源不足，生命活动力减弱；如果碳源过低而氮源过高，直观的影响就是氨气过多，因为在高温条件下，尤其过高的pH值和强制通风发酵条件下，部分氮将迅速的转化为NH_3而渗入空气中，导致环境二次污染。

3. 氧气

好氧堆肥发酵，当然少不了氧气。如果只是靠自然的通风，以此来达到好氧细菌的分解环境是远远不够的。在规模大的批量生产的工厂，更需要充足的氧气，为了达到这个目的，往往是通过机械的方法向堆肥过程中增加氧气的含量。在翻堆的过程中，可以影响有机固体废弃物的降解，可以调节堆体内的温度和湿度，为好氧细菌提供丰富的氧气。浓度维持在20%~30%，是最适宜好氧微生物的生长的。但是通风量过大，氧气太多，反而会导致要分解的废弃物中的氮过多的损失。且会导致堆体的温度降低，使生物活性降低，从而分解速率下降，这样就会使时间增长，能耗和运行费用就会随着增大。

4. 原料的含水量

在好氧发酵的过程中，过多的水分含量（超过70%）不利于发酵的进行，因为颗粒孔隙结构太低，不易于溶氧；并且对于温度的维持和热量的产生都不利，并且易导致臭气产生。但是如果过低的含水量（低于30%）同样不利于好氧发酵的进行，因为微生物在水中摄取的可溶性营养物质含量过低，将导致有机物的分解逐渐减慢，如果低于12%的含水量时，微生物的繁殖将停止。

5. pH值的影响

pH值是限制微生物生长的关键因素。一般微生物的生长最佳适宜的环境条件是中性或者弱碱性环境条件下，保持起始原料的pH值在7~8.5为宜。过高或者过低均不利于好氧发酵的进行。在整个发酵过程中，起始阶段由于有机酸会产生将导致pH值下降，在以畜禽粪便鸡粪作原料时，pH最低能够降到5.8，也有报道指出能够降到5左右，然后上升到8.5~9.0。

6. 温度和原料粒径

温度和原料的颗粒直径等因素也能影响好氧发酵的进程。仅从好氧发酵过程看，合适的温度是该过程是否顺利进行的关键因素，因为不仅仅能够影响微生物的生长，而且对于堆肥过程中，随着温度的升高可以起到杀灭虫卵和病原菌的作用，并且在不同的阶段能够维护不同嗜温、嗜热微生物的生长。因此，要保证好氧发酵的顺利进行，一般要求起始的温度不能低于10℃，而高温尽量不要超过70℃。

7. 选址

选址应符合当地城乡建设总体规划和环境保护规划的要求，应与当地的大气污染防治、水资源保护、自然保护一致，应设在当地夏季主导风向的下风向，距离要在人畜居栖点500m以外。

五、适宜区域

此项技术适用于全国大多数区域。

第三章 秸秆饲料化利用技术

第一节　秸秆青贮技术

一、技术内容及特点

（一）秸秆青贮技术内容

秸秆青贮是将新鲜的秸秆切碎后，紧实堆积于不透气的青贮窖或其他贮存设备内，在适宜的厌氧环境下，利用乳酸菌等微生物的发酵作用，将秸秆原料中的糖类等碳水化合物转化为乳酸等有机酸，使青贮饲料的 pH 值维持在 3.8～4.2，从而抑制青贮饲料内的乳酸菌等生物活动，达到保存饲料、提高秸秆营养价值和适口性的一种方法。

适宜于青贮的农作物秸秆主要是玉米、高粱和黍类作物的秸秆。

（二）青贮饲料的特点

青贮饲料主要有以下几个方面的特点。

1. 青贮秸秆养分损失少，可以最大限度地保持青绿饲料的营养物质

农作物秸秆经青贮后，蛋白质、纤维素保存较多，营养价值得到提高。一般青绿饲料在成熟和晒干之后，营养价值降低 30%～50%，但在青贮过程中，由于密封厌氧，物质的氧化分解作用微弱，养分损失仅为 3%～10%，从而使绝大部分的养分被保存下来，特别是在保存蛋白质和维生素方面要远远优于其他保存方法。

2. 适口性好，消化率高

青贮饲料含水量高达 70%，并充分保留了秸秆在青绿时的营养成分，在青贮过程中由于微生物发酵作用，产生大量的乳酸和芳香物质，气味酸香，增强了其适口性和消化率。此外，青贮饲料对提高家畜日粮内其他饲料的消化性也有良好作用。

3. 可调节青饲料供应的不平衡

由于青饲料生长期短，老化快，受季节影响较大，很难做到一年四季均衡供应。而青贮饲料做成后可以长期保存，保存年限可达 2～3 年或者更长，因此可以弥补青饲料利用的时差之缺，做到营养物质的全年均衡供应。

4. 青贮可以净化饲料

青贮能杀死青饲料中的病菌、虫卵，破坏杂草种子的再生能力，从而减少对畜禽和农作物的危害。此外，青贮饲料可以作为饲料添加剂预防家畜和农作物的病虫害。

二、机具配套

秸秆青贮一般有窖内青贮、袋装青贮、地上堆贮等方式。窖内青贮一般适用于养殖量大的养殖户，袋装青贮一般适用于养殖规模比较小的养殖户。

（一）储存方式及设备

1. 青贮窖（池）（图 3-1）

图 3-1　青贮窖

（1）选址。青贮窖（池）址应选在地势高且土质干燥、坚硬，排水良好、避

风向阳、距畜舍较近、四周有一定空地的地段。切忌在低洼处或树荫下建窖，并避开交通要道、路口、粪场、垃圾堆等。

（2）形式。青贮窖（池）有长方体和圆柱体两种，可以是地下式、半地下式或全地上式。青贮窖底部应高于地下水位 1m 以上。根据地下水位状况确定窖的形式。地下水位低采用地下式，地下水位高可采用半地下式或地上式。

（3）窖形与大小。根据地形、畜群种类、数量和原料情况确定窖形与大小。大型养殖场以地上式、长方体为主，单窖规模 1 000m^3 左右；其他养殖场（户）以半地下、地下式一端开口斜坡式长方体为主，单窖规模 30～500m^3，具体大小根据养殖数量确定。若建圆柱体青贮窖，径深比一般为 1∶1.5，上大下小；若建长方体青贮窖（池），长、宽、高比一般为 4∶3∶2，要求池壁砌砖，水泥造底，池底应该有一定坡度，不透气，不漏水。

（4）容量。计算公式：长方体池的容量（t）= 长 × 宽 × 深 ×（0.5～0.6）t/m^3（青贮玉米秸秆），斜坡式长方体池的容量（t）=（窖口长 + 窖底长）× 宽 × 深 ÷ 2 × 0.5～0.6）t/m^3（青贮玉米秸秆）。

（5）建筑结构。地上式采取钢筋混凝土结构，地下式、半地下式可用砖混结构。各种结构均需在窖底建渗水池，便于排出多余的青贮渗出液及雨水。

（6）质量要求。窖（池）壁应垂直光滑，不透气，不透水，小型窖（池）四角呈弧形，窖底呈锅底状，便于青贮料下沉，排出残留空气（图 3-2）。

图 3-2　青贮取料机

2. 袋装青贮

图 3-3　袋装青贮

袋式青贮应选用青贮专用的塑料拉伸膜袋，要求具有抗拉伸、避光、阻气功能（图 3-3）。一般选取袋长 150cm、宽 100cm 左右的圆筒状开口袋子，将玉米秸秆切碎压实后装入青贮塑料袋内的简易青贮方法。该方法主要针对一般养殖户，因养殖规模小、场地限制、劳动力缺乏、铡草机械较小，设计的一种临时储存青贮料的方法。袋贮场地应选择较为平坦的场地。

3. 地上堆贮

地上堆贮利用干燥、平坦的地方，堆放切碎后的玉米秸秆，压紧、覆盖棚膜，四周密封，适宜于多余玉米秸秆的临时青贮，利用期为秋冬及春初。

（二）收获及加工设备

1. 分段加工模式

图 3-4　青贮铡草机

在玉米蜡熟期利用高秆作物收割机将玉米秸秆割倒、铺放到地头后，再拉运到青贮窖边，用青贮铡草机或秸秆揉丝机切碎、揉丝、抛送到青贮窖、压实制成青贮饲料的方式。该模式主要用的机械有高秆作物收割机和青贮铡草机（图 3-4）。

2. 连续加工模式

采用专用秸秆青贮收获机械在田间利用切割、喂入、压实、粉碎等机构，可一次性连续完成玉米植株的收割→切碎→揉搓→抛送装车等多项作业。

青贮收获机按照与动力的连接方式，有悬挂式、自走式和牵引式 3 种；按照机械收获秸秆的方式，又可分为对行收获和不对行收获两种机型。对行收获一般只能收获玉米秸秆，不对行收获机型在换装割台后，还能收获其他牧草。目前，该类机型在北方地区使用较多的品牌为约翰迪尔、克拉斯、美迪等（图 3–5，图 3–6，图 3–7）。

图 3–5　约翰迪尔青贮玉米收获机

图 3–6　克拉斯青贮玉米收获机

图 3–7　美迪牌青贮玉米收获机

三、工艺流程

秸秆青贮工艺流程主要包括原料准备、装填、密封、检查和储存等工艺过程。

1. 原料准备

（1）选择。青贮时，首先要选择好青贮原料。在选用青贮原料时，应选用一定含糖量的秸秆，一般不低于 2%，选用含糖量超过 6% 的秸秆可以制成优质青贮饲料。秸秆的含水量也要适中，控制在 55%～60% 为宜，以保证乳酸菌的正常活动。

（2）切碎。对秸秆进行切碎处理，将玉米铡切至2～3cm（饲喂牛）或揉搓成丝（饲喂羊）。切短的目的在于可以装填紧实，取用方便且牲畜易采食；此外秸秆经切断或粉碎后，易使植物细胞渗出汁液，湿润饲料表面，有利于乳酸菌的生长繁殖。切碎后的秸秆入窖，经压实、密封后储存。

（3）调整湿度。将秸秆含水量调整到65%～75%，用手握紧切碎的玉米秸秆，以指缝有液体渗出而不滴下为宜。若玉米秸秆含水量不足时，可在切碎玉米秸秆中喷洒适量的水，或与水分较多的青贮原料混储。若秸秆3/4的叶片干枯，青贮时每千克秸秆需加水5～10kg；若秸秆含水量过大，可适当晾晒或加入一些粉碎的干料，如麸皮、草粉等。

（4）添加剂的使用。为了提高青贮玉米秸秆的营养或改良适口性，可在原料中掺入一定比例的添加剂。青贮添加剂主要有以下几类。

微生物制剂。最常见的微生物制剂是乳酸菌接种剂，秸秆中含有的乳酸菌数量极为有限，添加乳酸菌发酵能加快作物的乳酸发酵，抑制和杀死其他有害微生物，达到长期酸储的目的。乳酸菌有同质和异质之分，在青贮中常添加的是同质乳酸菌，如植物乳杆菌、干酪乳杆菌、啤酒片球菌和粪链球菌，同质乳酸菌发酵容易产生被动物利用的L-乳酸。我国近几年用于秸秆发酵的微生物制剂也有很多，大多是包括乳酸菌在内的复合菌剂。

酶制剂。青贮过程中使用的酶制剂主要有淀粉酶、纤维素酶、半纤维素酶等。这些酶可以将秸秆中的纤维素、半纤维素降解为单糖，能够有效解决秸秆饲料中可发酵底物不足，纤维素含量过高的问题。

抑制不良发酵添加剂。这类添加剂使用较多的有甲酸、甲醛。甲酸添加对青贮的不良发酵有抑制作用，其用量为2～5L/t。甲醛则对所有的菌有抑制作用，其添加量一般5%～3%。添加甲酸、甲醛或其混合物的费用较大，在我国目前还难以推广。添加丙酸、己二烯酸、丁酸及甲酸钙等防止发酵中的霉变，这类添加剂的添加剂量一般为0.1%左右。

营养添加剂。玉米面、糖蜜、胡萝卜的添加可以补充可溶性碳水化合物，氨、尿素的添加可以补充粗蛋白质含量，碳酸钙及镁剂的添加可以补加矿物质这类添加剂都属于营养添加物。

无机盐。添加食盐可以提高渗透压，丁酸菌对较高的渗透压非常敏感而乳酸菌却较为迟钝，添加4%的食盐，可使乳酸含量增加，乙酸减少，丁酸更少，从而改善青贮的质量和适口性。

2. 装填

（1）青玉米秸秆收获后，应尽快用机械粉碎后装入青贮池或用灌装机装压入青贮袋中。要做到边收边运，边运边铡，边铡边储，要求连续作业，在尽量短的时间内完成装填，避免发热、腐烂，现在一般多用机械化铡草机铡后直接装填池中。

（2）装料前用大块塑料布将窖底窖壁覆好，将铡碎的玉米秸秆逐层装入窖内，每装20～30cm厚时可用人踩踏、石夯、履带式拖拉机压等方法将预料压实，特别注意将窖壁四周压实，避免空气（氧气）进入。

（3）装满后原料装至高出窖口30～40cm，再用塑料布盖严，覆土30～40cm后拍成圆顶，使其呈中间高周边低，长方形窖呈弧形屋脊状，以利于排水。

（4）封窖后，四周1cm左右挖好小排水沟，以防雨水渗入窖内。若发现窖顶有裂缝，应及时加土压实，以防漏气。

（5）袋装青贮将袋子打开，压缩成圆圈状，接触地面一端用塑料袋盖严，然后将切短的玉米秸秆边装边踩实装入袋中。在装填过程中，要注意袋子不能装斜，避免袋子翻倒，浪费人力，同时要防止弄破塑料袋，以免透气。

（6）地面堆储要求在地面上铺上塑料棚膜，逐层装填时，不要超出四周底边，最终装填压实，横截面呈圆弧形。

3. 密封

青贮窖（池）密封前，应该用塑料棚膜将玉米秸秆完全盖严，自上而下压一层300cm的湿土。袋储法要在不损坏塑料袋的前提下，尽可能将袋口扎紧，使装袋密封，并用重物压在扎口处。

4. 检查

青贮完成后要经常检查，若发现下沉后或有裂缝，及时填平封严。青贮袋要经常检查袋子有无破损，同时注意防鼠，发现有破洞或袋内起雾时，及时封补。

5. 启用

（1）启用时间。青贮窖厌氧发酵30d，袋储40d，左右后，玉米秸秆即成为青贮饲料，便可启封，开窖前从一头清除盖土，以后随去随时逐段清土，青贮饲料应随取随用，取后随即继续封闭。

（2）启用方法。地面堆储和袋装青贮料，应首先利用，其次再启封青贮窖（池）。根据养殖数量确定每次启封面的大小。取用时自上而下剥掉覆土，揭去塑料棚膜，从青贮料横断面垂直方向自上而下取到底，以此为起点向里依次取用，直至用完。取后及时盖好棚膜，防止膜面暴露，产生二次发酵。

四、注意事项

（一）排出空气

乳酸菌是厌氧菌，只有在没有空气的条件下才能进行生长繁殖。若不排出空气，就没有乳酸菌生存的余地，而好氧的霉菌、腐败菌会乘机滋生，导致青贮失败。因此在青贮过程中原料要切短至 3cm 以下、踩实、封严。

（二）温度适宜

青贮原料温度在 25～35℃时，乳酸菌会大量繁殖，很快便占主导优势，致使其他一切杂菌都无法活动繁殖，若料温达 50℃时，丁酸菌就会生长繁殖，使青贮料出现臭味，以致腐败。因此，除要尽量踩实、排出空气外，还要尽可能缩短铡草装料过程，以减少氧化产热。

（三）水分适当

适于乳酸菌繁殖的含水量为 70% 左右，过干不易踩实，温度易升高。过湿则酸度大，牛不喜食。70% 的含水量，相当于玉米植株下面有 3～5 片干叶；如果全株青贮，砍后可以晾半天；青黄叶比例各半，只要设法踏实，不加水同样可获成功。

（四）原料处理

乳酸菌发酵需要一定的糖分，原料含糖多的易储，如玉米秸、瓜秧、青草等。含糖少的难储，如花生秧、大豆秸等。对含糖少的原料，可以和含糖多的原料混合储，也可以添加 3%～5% 的玉米面单储。豆科牧草和蛋白质含量较高的原料应与禾本科牧草混合青贮，禾豆比以 3∶1 为宜；糖分含量低的原料应加 30% 的糖蜜；禾本科牧草单独青贮可加 0.3%～0.5% 的尿素；原料含水量低、质地粗硬的可按每 100kg 加 0.3～0.5kg 食盐，这些方法都能更有效地保存青料和提高饲料的营养价值。

（五）青贮时间

饲料作物青贮，应在作物籽实的乳熟期到蜡熟期进行，即兼顾生物产量和动物的消化利用率。利用农作物秸秆青贮则要掌握好时机，过早会影响粮食产量，过晚又会使作物秸秆干枯老化。消化利用率低，特别是可溶性糖分减少，影响青贮的质量。玉米秸秆的收储事件，一看籽实成熟程度，乳熟早，枯熟迟，蜡熟正适时；二看青黄叶比例，黄叶差，青叶好，各占一半则老；三看生长天数，一般中熟品种110d就基本成熟，套播玉米在9月10日左右，麦后直播玉米在9月20日左右，就应收割青贮。秸秆青贮应在作物子实成熟后立即进行，而且越早越好。

五、适宜区域

该技术适宜于我国一年两熟（小麦—玉米）地区，夏播玉米一般在9月中旬前后成熟。此时气温较低，玉米秸秆收割后青贮最好。适宜在人多地少，饲草、饲料较缺的地区发展畜牧业。

第二节　秸秆黄贮技术

一、技术内容及特点

（一）技术内容

黄贮是相对于青贮而言的一种秸秆饲料发酵办法。和青贮使用新鲜秸秆、自然发酵不同，黄贮是利用干秸秆做原料，通过添加适量水和生物菌剂，发酵以后利用的一种技术。黄贮加入的高效复合菌剂，在适宜的厌氧环境下，将大量的纤维素、半纤维素，甚至一些木质素分解，并转化为糖类。糖类经有机酸发酵转化为乳酸、乙酸和丙酸，并抑制丁酸菌和霉菌等有害菌的繁殖，最后达到与青贮同样的贮存效果。

（二）技术特点

（1）玉米秸秆黄贮制作简单，成本低，易于推广。

（2）改善适口性。玉米秸秆经过黄贮后质地变软，并具有酸香和酒味，适口性明显提高，可提高奶牛的食欲。与未经黄贮处理的秸秆相比，一般采食速度可提高42%，采食量可增加20%左右。

（3）玉米秸秆黄贮利用率达到90%以上。与干秸秆相比，采食速度提高40%，采食量增加20%，消化率提高60%。

（4）提高营养价值。在黄贮过程中，玉米秸秆中的纤维素和木质素部分被降解，同时纤维素和木质素的复合结构被破坏。瘤胃微生物与秸秆纤维充分接触，促进了瘤胃微生物的活动，增强了瘤胃微生物蛋白和挥发性脂肪的合成量，提高了秸秆的营养价值和消化率。实践表明，3 kg 黄贮玉米秸秆与 1 kg 玉米的营养价值相当。

二、机具配套

（一）收获及加工设备

玉米秸秆粉碎机可粉碎玉米秆、花生皮、豆秆等农作物秸秆，用于后续加工处理，避免了农作物秸秆焚烧，很好地保护了环境。该类设备技术成熟、移动方便、性能可靠、操作简单，应用范围广阔（图 3–8）。

图 3–8　玉米秸秆粉碎机

（二）储存方式及设备

1. 贮窖的种类

用的最广的是圆窖，其次是贮壕。最好的是用砖石建筑永久窖，好处是一劳永逸，黄贮质量高，损失少，相对而言需要资金要高一些，个体养殖户可暂时先挖土窖。

2. 窖址的选择

建窖应选择地势高燥、地下水位低、土质坚实、排水方便、便于取料的地方。

3. 贮窖的形状和大小

根据具体情况而定，在一般情况下以小型圆窖为宜，直径 2m、深 3m 的圆形窖可装黄贮玉米秸 5 000 kg。

4. 旧窖的清理和刷洗

要求做到认真彻底，把头年喂剩的废物和泥沙等清理干净，窖壁四周和窖底清理时，如果是永久性贮窖要刷洗干净，如果是土窖也要用铁锹刮干净。

三、工艺流程

制作黄贮玉米秸饲料大致可分为四个步骤：收割、切碎、装窖、封埋。

（一）收割

黄贮玉米秸应在秋分后立即收割，这时玉米籽粒成熟，玉米秸的下部 5～6

个叶子已枯黄。收完籽粒的玉米秸作黄贮原料，但含水量要保持在70%左右。为保持所含水分不损失，可以随割随运随贮。

（二）切碎

首先要选择无泥沙、无霉烂、无变质的玉米秸，然后将玉米秸用铡草机切成1.5～2cm的小段，切得越细越好，这样可以排出一部分汁液，有利于乳酸菌发酵，在装窖时也容易踩实，开窖后取喂时也方便。

（三）装窖

在装窖前要把窖底和窖壁都铺上一层塑料薄膜，然后切碎的原料迅速装窖，防止泥土混入窖内。同时检查原料的含水量，水分过低可以稍加一些水。装窖时随装随踩，务求踩实，要达到弹力消失的程度，特别是靠近窖壁的地方更要踩实踩紧。这样有利于排出空气，为乳酸菌创造厌氧条件，也是搞窖贮的一个关键环节。

（四）封埋

窖装满时周边原料应平窖口，中间要突出呈馒头形。然后用塑料薄膜在原料上边盖好，即覆土封严，埋土30～50cm，使窖顶呈馒头形。窖周围还要挖排水沟，以免雨水渗入窖内。埋后要勤检查，发现下陷、裂缝应及时培土封严，防止透气漏水。

四、注意事项

（一）水分适当

水是微生物生长繁殖和玉米秸秆软化所必需的条件，实践证明，水分小，升温快，酒味浓；水分大，升温慢，酸味大，甚至变坏。秸秆含水量达60%～70%为宜，即以干秸秆不滴水状态为佳。

（二）温度适宜

窖贮温度应控制在20～30℃；因为微生物的活动、酶的作用、原料的软化和分解，都需要适宜的温度。温度过低或过高都影响微生物的生长、繁殖和贮存发酵的进行。

（三）干秸秆的黄贮

对于干秸秆贮制前要切得比一般青贮料细一些，尤其秸节部更应碾碎，以利压实及水的渗透。另外，干秸秆中含糖较少，往往会影响乳酸菌的正常繁殖，降低黄贮质量，因而贮制时应适当添加含糖量较高的玉米面、麦麸等，以提高黄贮饲料的营养价值。

（四）使用注意事项

经过贮存发酵60天左右的玉米秸秆就可以开窖喂饲了，首先要检查饲料品质的好坏，对霉烂变质的坚决不能用，以防中毒。一般要从颜色、气味、品质等三个方面进行鉴定，开窖取料避免“大揭盖儿”，防止泥土落入；取料后把窖口盖好，防止透气漏水。

五、适宜区域

该技术在我国北方地区除冬季外，春夏秋三季均可制作，南方一年四季都可以进行，适宜在人多地少，饲草、饲料较缺的地区发展推广。

第三节　秸秆碱化技术

一、技术内容及特点

秸秆碱化处理技术就是在一定浓度的碱液（通常占秸秆干物质的3%～5%）的作用下，打破粗纤维中纤维素、半纤维素、木质素之间的醚键或酯键，并溶去大部分木质素和硅酸盐，从而提高秸秆饲料的营养价值。碱化处理技术目前主要有氢氧化钠碱化法、石灰碱化法、其他碱化法等。

二、设备配套

参考黄贮技术相关机械秸秆粉碎机的要求和标准。

三、工艺流程

（一）氢氧化钠碱化法

1. 湿法处理

氢氧化钠的湿法处理是将秸秆浸泡在氢氧化钠（俗称“火碱”）溶液中，浸泡一段时间，捞出秸秆，再用清水反复清洗秸秆上的碱液。

这种处理方法的优点是能维持秸秆原有结构，有机物损失较少，纤维成分全部保存，干物质损失较少，约损失20%。它能提高消化率，有芳香味，适口性

好；设备简单，花费较低。但是用这种方法处理秸秆也有缺点，就是在用水冲洗过程中，有机物及其他营养物质损失较多，而且要用大量的清水冲洗，易造成环境浸染。所以，这种方法没有得到广泛应用。

2. 干法处理

用占秸秆风干重量4%～5%的氢氧化钠溶液，配制成浓度为30%～40%的碱溶液，喷洒在粉碎的秸秆上，堆积数日后不经冲洗，直接饲喂反刍家畜，秸秆消化率可提高12%～20%。此方法的优点是不需用清水冲洗，可减少有机物的损失和环境污染，并便于机械化生产。但牲畜长期喂用这种碱化饲料，其粪便中Na^+增多，若用作肥料，长期使用会使土壤碱化。

3. 快速碱化法

将秸秆铡成2～3cm的短草，每千克秸秆喷洒5%的氢氧化钠1kg，搅拌均匀，经24h后即可喂用。处理后的秸秆呈潮湿状，鲜黄色，有碱味。牲畜喜食，比未处理后的秸秆采食量增加10%～20%。

4. 喷洒碱水堆放发热处理法

使用25%～45%的氢氧化钠溶液，均匀喷洒在铡碎的秸秆上，每吨秸秆喷洒30～50kg碱液，经过充分搅拌混合后，立即把潮润的秸秆堆积起来，每堆至少3～4t。堆放后秸秆堆内温度可上升到80～90℃，温度在第三天达到高峰，以后逐渐下降，到第15天恢复到环境温度。由于发热的结果，水分被蒸发，使秸秆的含水量达到事宜保存的水平，即秸秆的含水量低于17%。

5. 喷洒碱水封贮处理法

用25%～45%浓度的氢氧化钠溶液，均匀喷洒在铡碎的秸秆上，每吨秸秆需60～120kg碱液，均匀喷洒后后可保存1年。此法适于收获时尚绿或收获时下雨的湿秸秆。

6. 混合处理法

原料含水率65%～75%的高水分秸秆，整株平铺在水泥地面上，每层厚度15～20cm，用喷雾器喷洒浓度为1.5%～2%的氢氧化钠和浓度为1.5%～2%的生石灰混合液，分层喷洒并压实。每吨秸秆需喷0.8～1.2t混合液，经7～8d后，秸秆内温度达到50～55℃，秸秆呈淡绿色，并有新鲜的青贮味道。处理后的秸秆粗纤维消化率可由40%提高到70%。即将切碎的秸秆压成捆，浸泡在1.5%的氢氧化钠溶液里，经浸渍30～60min捞出，放置3～4 d后进行熟化，即可直接喂饲牲畜，有机物消化率提高20%～25%。

（二）石灰处理

石灰与水相互作用后生成氢氧化钙，石灰处理实际上就是氢氧化钙处理秸秆的方法。其又可以分为石灰乳碱化法和生石灰碱化法两种。

1. 石灰乳碱化法

先将 45 kg 的石灰溶于 1 t 水中，调制成石灰乳（即氢氧化钙微粒在水中形成的悬浮液），再将秸秆浸入石灰乳中 3～5min，随之把秸秆捞出，滤去残液，放在水泥地上晾干，经 24 h 后即可饲喂家畜。为了增加秸秆的适口性，可在石灰水中加入占秸秆干重 0.5%～1.2% 的食盐。在生产中，为了简化石灰浸泡秸秆的手续和设备，可以采用喷淋法，即在铺有席子的水泥地上铺上切碎的秸秆，再用石灰乳喷洒数次，然后堆放，经软化 1～2d 后即可饲喂肉羊，秸秆的消化率可由 40% 提高到 70%。用此种方法处理秸秆，不需要用清水冲洗即可饲喂羊只，石灰乳可以继续使用 1～2 次。因此，石灰乳碱化处理是比较经济的方法。

2. 生石灰碱化法

将切碎秸秆含水量调至 30%～40%，然后把生石灰粉均匀撒在湿秸秆上，生石灰的取量相当于干秸秆重量 3%～6%，加适量水使秸秆浸透，然后在潮湿状态下密封保存 3～4 昼夜，即可取后用于饲喂羊只；也可按 100 kg 秸秆加 3～6 kg 生石灰拌匀，放适量水以使秸秆浸透，然后在潮湿的状态下保持 3～4 昼夜，即可取出喂羊。用此种方法处理的秸秆喂羊，可使秸秆的消化率达到中等干草的水平。

石灰处理秸秆所获饲料，效果虽然不及氢氧化钠处理的好，且秸秆易发霉，但因石灰来源广，成本低，对土壤无害，且石灰中的钙不需要用清水冲洗并对羊的生长发育也有益处等优点，故可广泛使用。经石灰处理后的秸秆消化率可提高 15%～20%，羊的采食量可增加 20%～30%。由于经石灰处理后，秸秆中钙的含量增高，而磷的含量却很低，钙、磷比达 4∶1～9∶1，造成处理后的秸秆中钙多磷少。因此，在用生石灰碱化处理秸秆时，应注意羊的日粮钙磷平衡，可以在生灰中加入一定量的磷酸氢钙，或者在饲喂此种秸秆饲料时应注意补充磷元素。如果在处理的秸秆中再加入 1% 氨，且能抵制霉菌生长，可以防止秸秆发霉。

值得注意地是，氢氧化钙是弱碱，所以石灰处理秸秆所需的时间要比氢氧化钠要长，才能达到较理想的效果。同时，氢氧化钙非常容易与空气中的二氧化碳化起化合反应，生成碳酸钙，而碳酸钙对处理秸秆来说是一种无用的物质。因此，不能利用空气中熟化的或煮熟化后长期放于空气中的石灰。需要使用迅速熟化的好石灰，未熟化的块状石灰予以正确熟化，正确熟化的石灰乳应放入严密遮盖的窖内保存。

（三）其他碱化处理技术

1. 过氧化氢处理

用过氧化氢碱化处理秸秆时，过氧化氢的用量约占干秸秆重量的3%。将过氧化氢溶液均匀喷洒在经切细的秸秆上，再加清水将秸秆的含水量调到40%左右，在15～25℃条件下密闭保存4周左右，最后开封将秸秆在水泥地上晾干即可用于喂羊。

2. 碳酸钠处理

用碳酸钠处理秸秆时，按每千克秸秆干物质用碳酸钠80 g的比例确定好碳酸钠的用量，先将碳酸钠配制成4%碳酸钠溶液，将配制好的碳酸钠溶液均匀喷洒在切细的秸秆上，再加水使秸秆的含水量达到40%左右，在15～25℃条件下密闭保存4周左右。最后开封将秸秆放在水泥地板上晾干即可饲喂家畜。

3. 碱—氨复合处理

秸秆碱—氨处理是一种复合化学处理，它是在碱化处理的基础上再进行氨化处理，以提高秸秆的营养价值。例如：用不同比例的氢氧化钙和尿素相结合处理稻草，或用4%氨和4%氢氧化钙处理稻草和麦秸，均取得了显著效果。研究表明，碱—氨复合处理的秸秆，干物质降解率提高了1倍，中性洗涤纤维可下降6.1%～6.6%。

这种处理方法综合了碱化和氨化的优点，处理后秸秆的含氮量增加，其营养价值比单一碱化有所提高。从成本、处理效果等判断，比单一碱化或氨化处理的效果好。这主要是由于碱化处理改善了秸秆的适口性，同时，氨化处理提高了秸秆干物质或中性洗涤纤维在瘤胃中的潜在降解率和降解速度之故。复合处理技术成本低，且能显著提高秸秆的消化率。

4. 氢氧化钠与生石灰混合处理法

原料含水率65%～75%的高水分秸秆，整株平铺在水泥地面上，每层15～20 cm厚度，用喷雾器喷洒1.5%～2%的氢氧化钠和1.5%～2.0%生石灰混合液，分层喷洒并压实。每吨秸秆需喷0.8～1.2 t混合液，经7～8 d后，秸秆内温度达到50～55℃，秸秆呈淡绿色，并有新鲜的青贮味道。处理后的秸秆粗纤维消化率可由40%提高到70%。用氢氧化钠与生石灰混合液处理秸秆，不仅提高秸秆饲料的消化率，同时使动物获得适当的钙和钠。如果仅利用一种碱，则因饲料中某种物质积累过多，会影响动物的采食。

用此法处理干秸秆，每吨秸秆需混合液 1.0～1.3t，可使有机物消化率达到 69%～72%，粗纤维消化率达 77%～82%，处理后的秸秆每千克饲料单位达到 0.76～0.85 个。

5. 碱化加糖化处理

此技术是碱化处理后的秸秆再经过青贮处理的方法，秸秆中的乳酸菌经碱化刺激后更能加快繁殖，密封后秸秆处于缺氧状态，杀死了其他杂菌，给乳酸菌创造了良好的生活环境，青贮效果佳。发现这一处理更有效地提高了秸秆的适口性，从而增加了秸秆的消化率，而且，此方法很受牛羊养殖户的欢迎。秸秆碱化加糖化处理分为以下两步。

（1）准备工作。把秸秆粉倒在塑料布上或水泥地面上；在盆内将生石灰淋水熟化，后加入水，氢氧化钙分散成微粒，在水中形成的悬浮液，即形成石灰乳；在盆内将玉米面用开水熟化，后加入清水；食盐在盆内加水溶化。

（2）秸秆处理。将石灰乳、食盐、玉米面粉，组成的混合水喷淋在秸秆粉上，边喷淋边搅拌，经翻两次后，停 10 min 左右，等秸秆将水吸收后再继续喷淋、搅拌，这样反复经过 2～3 次，所用混合水量全部吸收后，秸秆还原成透湿秸秆，用手轻捏有水点滴下为止。

四、注意事项

1. 使用

氢氧化钠等碱性溶液属于强碱，具有强烈的腐蚀性，在使用过程中应注意安全，做好防护工作，以免损伤眼睛和皮肤。

2. 饲喂

发酵池刚开启取碱化饲料时，必须经过晾晒之后再饲喂牲畜，以免伤害牲畜眼睛。向牲畜饲喂碱化饲料后不能立即饮水，否则会导致中毒，一旦发生中毒，要立即饮用冷水或酸性液体解毒。

3. 保存

由于液氨遇火爆炸，要经常检查贮氨容器的密封性，远离火源，以免发生爆炸；如发现塑料膜的破漏现象，应立即粘好。

五、适宜区域

该技术适用于稻草、玉米秸和麦秸等的饲料化调制处理，适用于我国制作上述各类碱化饲料的地区。

第四节　秸秆压块饲料加工技术

一、技术内容及特点

图 3-9　秸秆压块饲料

秸秆压块饲料是指将各种农作物秸秆经机械铡切或揉搓粉碎之后，根据一定的饲料配方，与其他农副产品及饲料添加剂混合搭配，经过高温高压轧制而成的高密度块状饲料或颗粒饲料。秸秆压块饲料加工可将维生素、微量元素、非蛋白氮、添加剂等成分强化进颗粒饲料中，使饲料达到各种营养元素的平衡（图 3-9）。

秸秆压块饲料与原始饲料相比，主要以下几个特点。

一是体积小、比重大、方便运输。

二是不易变质，便于长期保存。夏秋两季各种农作物秸秆及牧草资源极为丰富，但却不能有效的利用，在秋季通过长期储存的四季饲料，可有效地解决部分地区饲草资源稀少和冬、春短草的问题；同时在压块加工生产中，可以产生70℃的高温和高压，防止了病虫害的侵入，便于存放。

三是适口性好，采食率高。秸秆经过机械化压块加工后，在高温的作用下，秸秆被加热，由生变熟，喂养牲畜适口性好，秸秆压块饲料还被称为牛羊的“压缩饼干”或“方便面”。

二、机具配套

机械化秸秆压块饲料技术使用的设备按大小，可以分为大、小两种类型。

大型成套设备主要由秸秆切碎设备、上料设备、精饲料和微量元素定量添加装置、混料除铁装置、挤压扎制装置、冷却输送设备、机电装置等部件组成，有的还会配备有秸秆烘干设备。大型成套秸秆压块饲料设备配套齐全，自动化程度高，产品质量好，生产效率高，但投资较大，占用场地大（图 3–10）。

图 3–10　大型秸秆压块成套设备

小型设备以秸秆压块饲料机为主要设备，采取人工上料、人工输送等辅助作业，生产效率低，劳动强度高，但投入较小，占用场地少（图 3–11）。

图 3–11　小型秸秆压块机

三、工艺流程

1. 秸秆收集

根据当地的秸秆资源条件，确定用于压块饲料生产的主要秸秆品种。

2. 晾晒

适宜秸秆压块加工的秸秆湿度应在 20% 以内，所以收集的秸秆要先晾晒，降低秸秆内的含水量。

3. 去除杂质

对于收集的秸秆要去除杂质，主要是去除秸秆中的金属物和石块等杂物。

4. 切碎

去除杂质后的秸秆经过铡切系统进行铡切，铡切的长度一般控制在 3～5cm。

5. 发酵处理

在秸秆切碎后将其堆放 12～14 h，使切碎的秸秆达到各部分湿度均匀。用运输机将切碎的秸秆均匀地输送到除尘机内，对其进行振动除尘。在秸秆压块之前可对粉碎的秸秆进行发酵处理，以提高其营养水平。

6. 添加营养物质

为了使压块饲料在加水松解后能直接饲喂，可在压块前添加一定的营养物质，使其成为全价营养饲料，可以根据用户的需要按比例添加精饲料、微量元素等营养物质。

7. 压块

做好上述处理后，即可用轧块机压块，从轧块机模口挤出的秸秆饲料块温度高、湿度大，可用冷风机将其迅速降温，压块后的饲料可以堆放降低含水量。最后将成品压块饲料按要求进行包装，贮存在通风干燥的仓库内。

秸秆在成套设备中压块的过程主要分为以下三个阶段：第一阶段，当秸秆均匀强制地装入压缩室内，通过旋转的压辊、压模孔内成形；第二阶段，进入压模成形孔的秸秆，继续、连续地受到压辊挤压，此时压力相应的增加，直至其压力达到最大值，秸秆在孔内成形，由于摩擦挤压的作用，其容积密度增大，温度上升，可达到 90～130℃的高温，高温能使物料中有机物成分发生反应，由“生食”变为“熟食”；第三阶段，在秸秆被压到一定密度时，压力不再增加，被压实物料呈固态沿压模孔成形推进。

四、注意事项

（1）一般秸秆压块饲料的原材料由当地的秸秆资源条件决定，首选用豆科类秸秆，其次为禾本科秸秆。秸秆在收集与处理过程中，要确保不收集霉变的秸秆，对收集好的秸秆要妥善保存，防止霉变。

（2）由于适宜秸秆压块加工的秸秆最佳湿度应为 16%～18%，在秸秆压块之前可以将粉碎的秸秆先进行搅拌、堆积，使其湿度均匀，如果秸秆含水量低，可以喷洒一些水。

（3）物料在成形时必须有一定的滞留时间，以保证成形秸秆中的应力松弛，形成一定规格的压块饲料。

（4）秸秆压块饲料在贮存时，要主要保持贮存仓库的通过，保持仓库的干燥，并定期翻垛检查，防止仓库湿度增加，防止霉变影响压块饲料的质量。

五、适宜区域

压块饲料使用原料广泛：苜蓿、羊草、沙打旺、玉米秸（芯）、棉籽皮、稻草、油菜秸、豆秸、花生秧（壳）、红薯秧等均可以加工成粗饲料。全国秸秆资源丰富的地方都可应用该技术。

第五节　秸秆揉丝加工技术

一、技术内容及特点

秸秆揉丝加工技术是变传统的秸秆横向铡切为纵向挤丝揉搓，将秸秆揉搓加工成软的丝状饲草。秸秆经过揉丝加工之后，破坏了秸秆表皮结构，使饲草柔软，适口性好，采食率可达 97% 以上。秸秆揉丝加工技术通常用于加工玉米秸秆，玉米秸秆揉丝技术是用玉米秸秆挤丝揉搓机，将玉米秸秆处理成柔软丝状草料，并且通过微生物处理技术从根本上该变秸秆的营养成分，改善适口性，提高采食率。

玉米秸秆揉丝技术与常规玉米秸秆生产加工技术有着以下几种特点。

一是在切割技术上，通过切揉过程破坏秸秆表面硬质茎节，提高了畜禽消化吸收，挤丝加工后的饲草，宽度为 3～5 cm，长度为 3～10 cm，质地柔软，把畜禽类不能直接采食的部分秸秆加工成了适口性较好的饲料，采食速度提高 40%，秸秆利用率提高 50%，达到了 98% 以上。

二是在发酵技术上，改变传统的单纯厌氧发酵为为添加微生物剂发酵。通过生物发酵技术处理，使秸秆的木质素、纤维素被降解成低聚糖、乳糖和挥发性脂肪酸，木质素由 12% 降解到 5% 左右，通过微生物的繁殖，使秸秆蛋白质含量增加，由原来的 4%～5% 提高到 8.5%～12%，增加了秸秆的营养价值，提高了饲料的适口性，家畜采食率得到了提高。

三是在贮藏方式上，改变传统的窖贮为袋贮。通过采用袋贮发酵的技术，大幅度降低了秸秆饲草在贮藏使用中的浪费，一般窖贮青贮玉米秸秆，由于开窖取料，空气易进入窖中，造成大量霉变，使青贮秸秆浪费率达 20%。而采用袋贮既便于取料后密封，防止发生霉变，又因采用的是小包装，一般每袋贮料 75 kg，

图 3-12　玉米秸秆揉丝效果

可迅速喂饲结束，减少了霉变发生率，非常适合目前我国的小规模饲养水平。

四是在产品保存方式上，改变传统的封闭保存为开放式保存。通过挤压袋贮，既可减少玉米秸秆贮藏占地面积，解决防火难、防霉变难的问题，又可减轻饲养人员的劳动强度，实现了秸秆饲草由产品向商品的转化（图 3-12）。

二、机具配套

秸秆揉丝的主要机械设备是秸秆揉丝机，一般由机架机构、送料机构、压扁切丝机构、揉搓机构、动力及传动机构、电气控制机构等部分组成，生产效率从每小时一吨到十几吨不等。秸秆揉丝的机械设备还包括电动液压打包机，是秸秆揉丝压缩打包专用的设备。

秸秆揉丝机的工作原理：作业时，秸秆饲料从料斗喂入，经入料口由刀片进行切割，进入揉碎室，即被高速旋转的锤片强力打击后，撞击到齿板上，又受到齿板反作用力的打击及齿板与物料之间摩擦阻力的揉搓，在锤片与齿板的打击、揉搓与切碎等综合作用下，具有粗硬质茎节的秸秆被揉搓为长度在 15～30mm 柔软的丝状物，随抛送叶板的气流抛出机体外（图 3-13，图 3-14）。

图 3-13　9RSJ=5 型秸秆揉丝机

图 3-14　9RC-1200 型秸秆揉搓机

如图 3–14 所示的 9RC–1200 型秸秆揉搓机，能将玉米秸秆、高秆牧草类等进行切断、揉丝加工的专用设备。揉搓后的秸秆料便于打捆贮存，增加发酵面积，提高分解粗纤维效率，提高秸秆利用率，增加营养成分，提高粗饲料的适口性。

图 3–15 所示的秸秆揉丝机由上壳、下壳、出料口、角钢架子、锤片、刀具等组成。该机具是铡草机、粉碎机和揉搓机的组合。有铡刀、锤片、风机三部分，具有粉碎、铡草等功能。该机器配带有飞轮，当主轴转速达到 1 500r/min 时，飞轮可储存足够大的能量而只需较小的动力提供（如单相 3 千瓦的电动机）就可完成正常的铡草、粉碎工作。

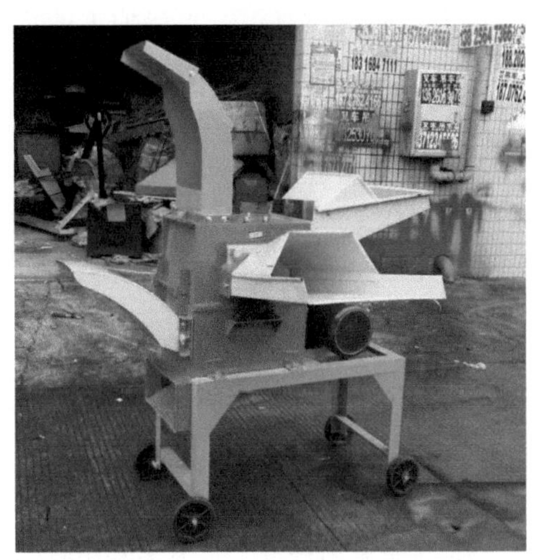

图 3–15　9CFZ–680 型秸秆揉搓揉丝机

图 3–16 所示的秸秆揉丝机由电机作为配套动力。将动力传递给主轴，主轴另一端的齿轮通过齿轮箱，万向节等经过调速将动力传递给压草辊，当待加工物料进入压草辊之间时，被压草辊夹持以一定的速度送入铡切机构，经高速旋转的刀具切碎后经出草口抛出机外。

图 3–17 所示的 9Z–12.0 铡草揉丝机，机器主要由喂入机构、铡切机构、抛送机构、传动机构、行走机构、防护装置和机架等部分组成。其中喂入机构由喂料台、上下草辊、定刀片和定刀支承座组成，铡切抛送机构包括动刀、刀盘等。

图 3–16　RX–9RSJ–6A 秸秆揉丝机

图 3–17　9Z–12.0 铡草揉丝机

其工作过程为：由电机作为配套动力，将动力传递给主轴，主轴另一端的齿轮通过齿轮箱、万向节等将经过调速的动力传递给压草辊，当待加工的物料进入上下压草辊之间时，被压草辊夹持，并以一定的速度送入铡切机构，经高速旋转的刀具切碎后经出草口抛出机外（图 3-18）。

图 3-18　9ZR-15 铡切揉搓机

三、工艺流程

秸秆揉丝加工技术的生产加工过程主要是：选料→揉丝→添加菌种→打捆压实→微贮→饲喂。

1. 选料

传统玉米秸秆青贮，大多利用收穗后的秸秆直接去除杂质物和根茎进行青贮制作，而揉丝加工的秸秆要求含水率控制在 45%～60%。对于收获初期的玉米秸秆需要经过晾晒，减少秸秆的含水量，对于干的玉米秸秆则需要加水来达到湿度要求。

2. 揉丝

挤丝揉丝就是使用机械对秸秆进行压扁、挤丝和揉丝的精细加工，变秸秆的横切为纵切，通过切揉过程，破坏秸秆表面的硬质茎节，以将秸秆制成柔软的丝状物。

3. 添加菌种

秸秆揉搓成饲草之后，如不经处理则不易存储，一般带状饲草 70d 后就会发霉变质，然而添加微生物菌种后，既可以确保饲草的营养品质，增加其柔韧性和膨胀度，又使饲草带有果香。在处理秸秆前，先将菌种置于水中充分溶解，然后在常温下放置 1～2h，使菌种复活。复活好的菌剂一定要当天用完，不可隔夜使用。配制饲草用菌液时，要将复活好的菌剂放入充分溶解的质量分数为 0.8%～1.0% 的食盐水中搅匀，然后将其均匀喷洒在秸秆草丝上，充分搅拌即可。对秸秆喷洒菌液水时，要有计划地掌握喷洒量，使秸秆含水率为 45%～60%，过湿易烂包，过干则效果不佳。

4. 打捆压实

打捆压实的主要目的是将物料间的空气排出，最大限度地减少秸秆被氧化。该工序是由打捆机来完成的，一般草捆容质量为500～600kg/m^3，压缩率为40%左右。

5. 微贮

草捆需要用专门青贮塑料拉伸膜包裹，使草捆处于一个最佳的密封发酵环境，经过3～6周，最终完成乳酸型自然发酵的生物化学过程。

四、注意事项

（1）秸秆在揉丝过程中受力体现出各种特性，如抗拉（折、弯）、抗压（挤）和抗剪切（磨、撕）等，对于同一种秸秆，这些特性受到秸秆成熟度、含水量以及生长位置等多种因素的影响。秸秆揉丝加工技术要求秸秆的含水量在45%～60%，刚摘穗的秸秆取料时要经过一段时间的晾晒。

（2）秸秆揉丝青贮工序应连续进行，要尽量缩短秸秆青贮过程的有氧阶段，否则就会损失饲草养分，影响饲草品质。

（3）秸秆揉丝机工作时，要正确选择喂入量的大小，应根据所要揉搓秸秆长度，随时调整物料的揉碎程度，根据揉碎草料的不同，要合理调整刀片间隙。一般来说，在揉碎茎秆直径较粗或硬而脆的草料时，刀片间隙可大一些；在揉碎软而韧的草料时，刀片的间隙要小一些。如揉碎青玉米秸时刀片间隙可大于0.3mm，揉碎稻草时刀片间隙可小于0.2mm，若工作中发现揉碎出的长草较多，则应将刀片间隙减小，以保证揉丝质量。

（4）操作人员要注意安全，手不得放入机器的喂入口，以防事故发生，如发生草料堵塞，应立即停机，排除故障，严禁机器开动时用手拉动堵塞的草料；喂入的草料中不得混有铁块和石块等硬物，否则容易发生安全事故。

（5）在揉丝后要控制含水量，若含水量过高则需要晾晒一段时间，防止青贮料腐败变质。

（6）菌种的选择及用量根据制作饲草的性质而定。拌菌时要严格按照说明书操作，按比例制定定量添加剂，喷洒菌液要均匀一致，可用喷雾器或手泼洒，使菌液和饲草充分混合。在配制秸秆发酵剂时，应按当天需要量配制，当天用完，防止隔夜失效造成浪费。

（7）对于装袋微贮的青贮料要装袋压实，排出袋内空气，为乳酸菌的生长创造环境，青贮袋装入袋内，发酵温度应控制在40℃以下，超过40℃就影响乳酸菌的正常活动，不利于青贮，一般经过30～40d的发酵即完成青贮，可以开袋饲喂，每次取料后要立即扎紧袋口，以防杂菌污染，影响青贮质量。青贮包应远离啮齿类动物和鸟类等，以防止膜被弄破。

（8）优质微贮饲料拿到手里应感到质地松散、柔软湿润。手感发黏或粘到一块以及虽松散但干燥粗硬，均属不良品。优质微贮青玉米秸秆饲料色泽呈橄榄绿，麦稻秸秆呈金黄色，若呈褐色或墨绿色则质量较差。揉丝装袋微贮的秸秆饲料成品应具有果香味，并具有弱酸味，若有强酸味，表明醋酸过多，这是由于水分过多和高温发酵造成。若有腐臭味或发霉则不能饲喂。

五、适宜区域

秸秆揉丝技术的加工范围广，不仅可以加工新鲜的玉米秆，还可以加工新鲜的麦秸、豆秸、花生秧、地瓜藤以及紫衣苜蓿、芦苇等。

秸秆揉丝技术在我国多地都有运用，尤其适用于畜牧业较多的地区，在我国的新疆维吾尔自治区（以下简称新疆）、河北、甘肃等省（区）都有使用。

第六节　秸秆膨化饲料加工技术

一、技术内容及特点

秸秆膨化技术由早期的挤压膨化发展成为蒸汽爆破，该技术是使原料维持一定时间的高温、高压状态，然后瞬间改变这种状态，瞬时的压差产生强大剪切力，使细胞壁结构被破坏，物理特性发生变化，从而提高原料的利用效果，秸秆经膨化处理后，梗状物减少、质地蓬松，并伴有香味。农作物秸秆的膨化过程涉及热效应和机械效应，热效应是在高温高压蒸汽作用下，使秸秆细胞壁内各层间木质素熔化和高温水解，氢键断裂而吸水。机械效应是秸秆在膨化机体内与螺杆、套筒以及彼此之间挤压、摩擦、剪切，在膨化机出口处突然减压高速喷射而出，由于运行速度和方向的改变而产生很大的内摩擦力，这种摩擦力加上高温水蒸气突然膨大产生的张力，使秸秆撕碎，膨化饲料在家畜消化道内与消化酶接触面积扩大，使家畜对秸秆饲料的消化率和采食量提高。

秸秆膨化技术制成的饲料具有以下几个特点：饲料柔软细嫩，适口性好，具有醇香、酸香、果香，营养丰富，易于吸收；秸秆饲料营养成分增加利用率提高，减少精饲料用量，降低饲养成本；有益菌参加了牲畜肠道菌平衡的调节，增强了牲畜机体免疫力，减少疾病发生率，促进牲畜生长；改善肉质、奶质，促进生态养殖业的发展。

另外，秸秆膨化技术提高了秸秆饲料转化率，节约了饲料用粮；实现了农作物秸秆资源循环化高校利用；助力区域秸秆“零焚烧、零污染”，实现了饲料业、养殖业、屠宰业、有机肥、物流业等上下游秸秆综合利用产业链的协同发展。采用秸秆膨化饲料技术，可使农作物秸秆变成绿色生态饲料，以低碳的生产方式将秸秆资源高效利用，帮助解决秸秆焚烧、随意堆放等环境问题。秸秆饲料经畜禽消化吸收排出的废弃物经无害化处理后作为有机肥过腹还田，能有效增加土壤有机质含量，培肥地力、减少化肥施用、降低农业污染提高耕地质量。

二、机具配套

生产膨化秸秆的主要设备是螺杆式挤压膨化机，其主要由进料装置、挤压腔体、检测与控制系统及动力传动装置等部分组成。挤压部件是挤压膨化机的核心部件，由螺杆、外筒及模头组成，一般按外筒内螺杆的数量将挤压机分为单螺杆挤压机和双螺杆挤压机。由于双螺杆挤压机的投资大，除生产某些特种饲料外较少使用（图 3-19，图 3-20）。

目前，在饲料行业应用最广泛的是单螺杆挤压机，具有投资少、操作简单的优点。根据在膨化过程中是否加水，挤压机又可以分为干法膨化机和湿法膨化

图 3-19　饲料膨化机

图 3-20　HDEP200 干法饲料膨化机

机。干法膨化机依靠机械摩擦和挤压对物料进行加压加温处理，这种方法适用于含水和油脂较多原料的加工，如全脂大豆的膨化。对于其他含水量和油脂较少的物料，在挤压膨化过程中需要加入蒸汽或者水，常采用湿法膨化机。单螺杆从喂料端到出料端，螺根逐渐加粗，固定螺距的螺片逐渐变浅，使机内物料容量逐渐减少，同时在螺杆中间安装一些直径不等的剪切锁，以减缓物料流量而加强熟化。

三、工艺流程

秸秆挤压膨化加工的工艺流程为：秸秆→清选→粉碎→调质→挤压膨化→冷却→包装。

1. 清选

采用手工方法去除秸秆中的沙石、铁屑等杂质，以防止损坏机器和影响膨化质量。

2. 粉碎

将秸秆喂入筛片孔径为3.0～6.0mm的锤片式粉碎机进行粉碎，以减小秸秆粒度，使调质均匀，提高膨化产量。粉碎粒度一般控制在3.0～4.0mm。

3. 调质

将粉碎的秸秆放入调质机中调质，根据不同种秸秆含水率大小，合理地加水调湿并搅拌均匀，使秸秆有良好的膨化加工性能。调质后玉米秆的含水率应控制在20%～30%，豆秸的含水率应控制在25%～35%。

4. 挤压膨化

将调质好的秸秆由料斗输入膨化机的挤压腔，在螺杆的机械推动和高温、高压的混合作用下，完成挤压膨化加工。加工时，挤压腔的温度应控制在120～140℃，挤压腔压力 应控制在1.5～2.0MPa。

5. 冷却

秸秆膨化后，应置于空气中冷却后，再装袋包装。如果膨化后即刻包装，此时膨化秸秆的温度较高，一般在75～90℃，包装袋中间的秸秆热量很难散失，会产生焦糊现象，影响其营养价值及适口性。

四、注意事项

（1）秸秆加工时要进行清理选择，防止机器的损坏，防止膨化质量受到影响。

（2）秸秆粉碎时要控制好高度，一般在 3～4mm 为宜。

（3）秸秆膨化后温度较高，需要冷却一段时间再进行包装。

五、适宜区域

秸秆膨化机有大中小各种型号，适用于我国秸秆资源丰富的地区使用。

第四章 秸秆能源化利用技术

第一节 秸秆直燃发电技术

一、技术内容及特点

秸秆直燃发电技术是农作物秸秆直接在锅炉以固态燃烧产生高温高压蒸汽推动蒸汽轮机发电的秸秆利用技术。

秸秆直燃发电的基本工作过程是将经过初步机械处理后（粉碎、干燥等）的秸秆作为燃料直接送入锅炉中燃烧，加热水产生高温高压蒸汽并推动汽轮发电机组发电，和常规燃煤发电相比，秸秆直燃发电机组只是在燃料处理、供给和燃烧系统有所差别，后续的汽轮机发电环节和燃煤机组完全相同。

秸秆直燃发电可以采用锅炉—蒸汽—蒸汽轮机—发电机的工艺方式，还可以采用热电联供的方式提高系统效率。通常秸秆直接燃烧发电的过程为：秸秆与过量空气在特定的锅炉中燃烧，产生的热烟气和锅炉的热交换部件换热，产生高温高压蒸汽在蒸汽轮机中膨胀做功发出电能。电经配电装置由输电线路送出。锅炉烟气经省煤器、空气预热器和布袋除尘器经烟囱排放。与其他生物质发电技术相比，秸秆直接燃烧系统技术特点是秸秆处理量大，热能利用率高。

使用秸秆燃料的主要特点有：与煤炭相比，秸秆类生物质能的固定碳含量少，含碳量最高的也仅为50%左右；燃料的挥发分高，含氢、含氧量高，易被引燃，燃烧时需要的空气量相应较少；秸秆燃料的密度明显要比煤炭低，而且质地疏松，在炉内易燃烧和燃尽，灰中的含碳量很低；秸秆燃料的水分变化大，一般在5%～60%，也是燃烧情况变化大的原因；秸秆燃料灰分低（0.1%～3%），含硫量低（含硫量为0.1%～1.5%，木材一般低于0.05%），燃烧产生的二氧化硫少，有利于环境保护。

二、机具配套

目前我国秸秆直接燃烧发电的锅炉主要有秸秆炉排炉（层燃炉）和秸秆循环流化床炉（流化炉）。

秸秆被打包成0.5t左右的捆，由皮带输送到炉前，经过破碎后入炉燃烧。从锅炉整体结构来看，秸秆炉与常规燃煤发电锅炉相差并不大。但由于秸秆属高碱性燃料，灰熔点较低，为了防止高温燃烧过程的结渣并提高燃烧效率，秸秆炉的炉排采用了经过长期研究开发的独特的水冷振动炉排，另外炉膛结构也充分考虑了结渣、沉积和高温金属腐蚀等问题（图4-1）。

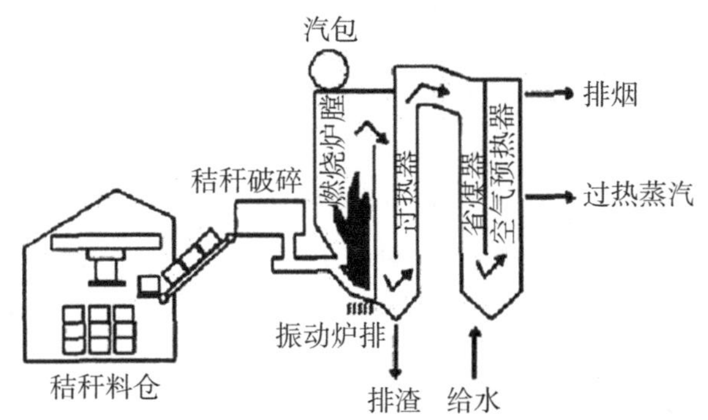

图4-1　水冷振动炉排秸秆直燃工作示意

与常规锅炉中秸秆一次通过燃烧不同，在循环流化床锅炉中，燃料和惰性床料混合物悬浮在炉膛中以发生流态化的燃烧，燃烧过程稳定，燃烧热量均匀释放，炉膛温度要低于炉排炉，因而更适合燃烧高碱性的秸秆材料，而且对不同种类秸秆的适应性明显好于炉排炉，也能够有效减少受热面沉积和高温受热面腐蚀，降低结渣和聚团形成速度。较低的燃烧温度也可以保证燃料中水溶性钾较多地转入固相飞灰中，并维持水溶性，对保持锅炉灰渣的肥料价值更有利。另外，循环流化床锅炉的变负荷运行性能更好，能够保持较高的效率。流化床运行中最大的问题是床料在高温碱金属的作用下发生聚团（图4-2）。

如图 4-2 所示的无锡华光锅炉有限公司在河北晋州秸秆热发电项目 2×75t/h 秸秆直燃锅炉，是我国第一个采用国产化秸秆直燃锅炉的项目。

锅炉设计参数如下。

额定蒸发量：75t/h。

给水温度：150℃。

额定蒸汽压力：3.82MPa。

锅炉设计热效率：90%。

额定蒸汽温度：450℃。

锅炉燃料：水稻秸秆、小麦秸秆、棉花秸秆、玉米秸秆、果木枝条等。

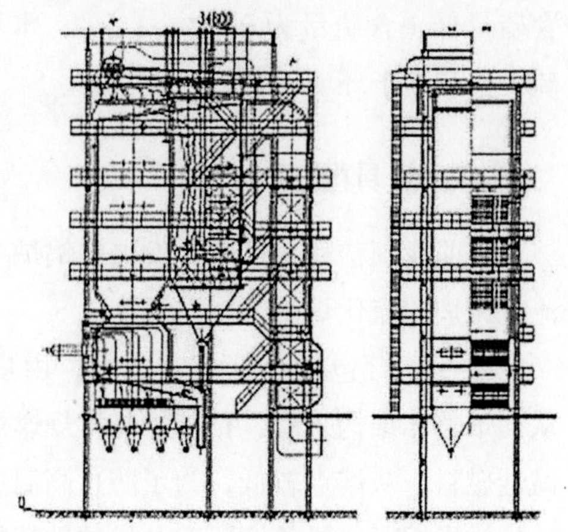
图 4-2　75th 中温中压秸秆直燃锅炉

后续该公司又开为宝应协鑫生物质环保热电有限公司和连云港生物质环保热电有限公司开发设计了 75t/h 次高温次高压秸秆直燃锅炉。2006 年 9 月，无锡华光锅炉有限公司与江苏国信如东生物质发电有限公司就江苏如东 25MW 秸秆发电示范项目 1×110t/h 高温高压秸秆直燃锅炉正式签订技术协议，这是国内首台高温高压的秸秆直燃锅炉。如图 4-3 所示。

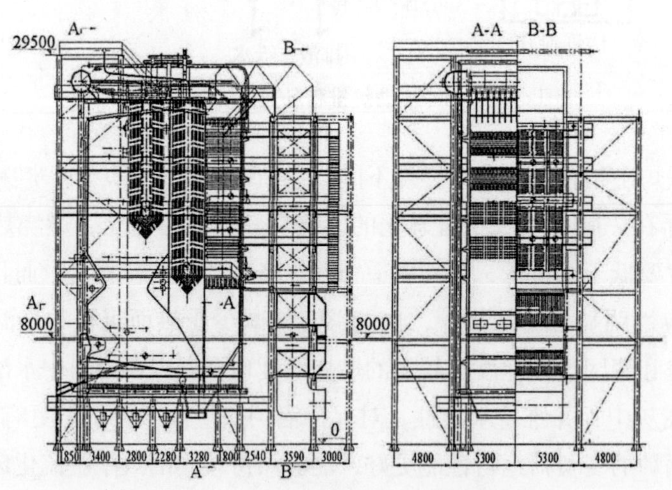

图 4-3　110t/h 高温高压秸秆直燃锅炉

该锅炉的设计参数如下。

额定蒸发量：110t/h。

给水温度：210℃。

额定蒸汽压力：9.8MPa。

锅炉设计热效率：90%。

额定蒸汽温度：540℃。

图 4-4　郑锅股份稻壳秸秆生物质发电锅炉

该类机器容量为 10～75 蒸吨，热效率 85%～90%，适用稻壳、秸秆、木屑等农林废弃直燃燃料，可用于大型集中供热和火力电厂发电。该机器的 ZG-30 型号为例，机器主要参数如下。

额定蒸发量：30t/h。

额定蒸汽压力：3.82MPa。

额定蒸汽温度：330℃。

给水温度：105℃。

图 4-5　SHX 系列循环流化床热水锅炉

图 4-5 所示的上海四方锅炉集团工程股份有限公司生产的 SHX 系列循环流化床热水锅炉，供水温度为 115～150℃，回水温度为 70～90℃，工作压力为 1.0～1.6MPa。循环流化床燃烧技术作为一种新型成熟的高效低污染节能新产品，具有以下几种优点。

（1）循环流化床属于低温燃烧，因此氮氧化物排放远低于干煤粉炉，仅为 200ppm 左右，并可实现在燃烧过程中直接脱硫，脱硫效率高。技术设备经济简单，其脱硫的初投资及运行费用远低于煤粉炉加工烟气脱硫。

（2）燃料适应性广且燃烧效率高，特别适合于低热值劣质煤。

（3）排出的灰渣活性好，易于实现综合利用，无二次灰渣污染。

（4）负荷调节范围大，低负荷可降到满负荷的 30%左右。在我国目前环保要求日益严格。电厂负荷调节范围较大、煤种多变、原煤直接燃烧比例高、国民经济发展水平不平衡、燃煤与环保的矛盾日益突出的情况下，循环流化床锅炉已成首选的高效低污染的新型燃烧技术。

三、工艺流程

（一）燃料的收购

秸秆燃料是季节性产品，只有每年的秋季有一次收购期。秸秆秋季收割时一般水分都在 30% 左右，而作为燃料使用时尽量要求其降低水分，新收购的秸秆必须要经过 1 个月的自然风干后，其水分低于 25% 左右才可以储存，并要求储存量要充足，满足锅炉的正常运行。

（二）秸秆的储存

收集到的秸秆需要由打包机打成秸秆包，称重后存放于位于炉前的秸秆储库中。一般来讲单台机组电厂内至少要设置 2 座秸秆储存库，储存量可供全厂锅炉燃用一周左右。秸秆储存库需要严格密闭干燥，并且库内设有堆跺机、叉车等来完成存料、上料、整备等功能。

（三）燃料输送和入炉前的预处理

入炉前的秸秆必须要经过水分测定。可以用红外线测试或探测器接触测定含水量。含水量合格的秸秆包从储库通过密封防火的链式输送带，一捆接一捆地送往紧邻的封闭型切割装置立式螺杆机上，秸秆通过螺杆的旋转被扯碎、切割成一段不规则的短秆，通过给料机将秸秆压入密封的进料通道，然后到达炉内进行燃烧。

（四）除尘控制

尾部烟气的除尘多采用布袋除尘器，将其安装在旋风除尘之后更有效地收集烟气中的飞灰。布袋除尘的效率为 99.6 % 以上，采用脉动喷射式产生的烟气经除尘后由烟囱排放。

锅炉底部的炉渣多采用干式除渣系统。炉渣从锅炉排渣管落入冷渣器冷却至100℃以下后，采用正压气力输送系统将其输送至灰渣仓。尾部烟气的布袋除尘器下的干灰也同时采用正压气力除灰系统集中至灰渣仓，灰与渣可以共用一座干灰渣仓。

秸秆燃烧后锅炉底部排出的渣和除尘器捕集的灰分别经输送系统输送至灰渣仓暂存，这种灰分含有丰富的营养成分如钾、镁、磷和钙，可用作高效农业肥料。干灰渣可经干灰卸料器装入密封罐车送至综合利用用户，也可经湿式搅拌机将干灰渣加湿搅拌后装入自卸汽车送至综合利用用户。

四、注意事项

（1）秋季秸秆收购时要注意秸秆水分，秸秆水分过高需要经过风干晾晒，水分降低到 25% 以下才可以储存。

（2）秸秆燃烧产生的尾气要进行除尘处理，一般采用布袋除尘器除尘。

（3）秸秆燃料的比重较低，因此达到锅炉需要的燃料体积量比较大，大量的秸秆燃料连续不断、没有堵塞地由加料口进入锅炉内燃烧，需要可靠稳定的上料系统，给料机的密封及传动系统尤为重要。

（4）由于秸秆灰中碱金属及氯的含量高，燃烧会产生大量的碱性物质，具有较高的腐蚀性。由于飞灰的熔点低，因此受热面又很易结渣。生物质锅炉受热面的腐蚀主要是由于沾在表面的碱金属氯化物引起。碱金属氯化物的腐蚀都伴有气体氯的产生，在此过程中氯不断地将受热面管道中的铁从内层到外层置换，加速腐蚀的过程。运行中可以投入添加剂与碱金属化合物反应，减少碱金属带来的腐蚀。

（5）秸秆直燃电厂主要使用秸秆、稻壳、树皮等生物质燃料，此类燃料热值较低，需要大量储备，与燃煤电厂相比，秸秆电厂的燃料储运系统具有更高的火灾危险性，为确保秸秆电厂的消防安全，要格外注意秸秆电厂的防火事项。

五、适宜区域

根据秸秆直燃发电的成本，西部地区发电成本最低，中部和东北部居中，东南沿海最高。尽管西部地区发电成本低，但是其生物质产量低，不适合直燃电厂的规模化发展，相比之下，秸秆产量丰富的中部及东北部地区各省则具有更大的发展潜力。

第二节　秸秆固化成型技术

一、技术内容及特点

（一）秸秆固化成型技术

秸秆成型技术是指通过将秸秆粉碎成松散细碎料，在一定条件下，挤压成质地致密、形状规则的成型燃料。在物料进入成型设备之前，还可以在物料中加入黏结剂，提高成型效果，或加入碱性物质，用来中和颗粒燃烧过程中产生的酸性物质，减轻燃烧过程中对锅炉的腐蚀。原料挤压成型后，密度达到 0.8～1.2t/m^3 时，能量密度与中质煤相当。秸秆成型燃料的燃烧特性明显改善，挥发少，黑烟少；火力持久，炉膛温度高；可直接利用电厂输煤、给煤设备，无须双燃料供应系统；耐贮存，运输、使用方便。秸秆成型燃料燃烧速度比煤快，灰尘及其他指标的排放都比煤低，可实现 CO_2、SO_2 的减排。

成型燃料一般有颗粒状和棒状。颗粒状燃料由模辊挤压式生产。通常为直径 8～10mm，长度 20～30mm 的圆柱体。一般用于家庭取暖等小型锅炉。棒状燃料体积较大，通常用活塞挤压方式生产，直径在 80～150mm，一般作锅炉的燃料。

（二）秸秆固化成型材料特点

1. 环保节能

以农村的玉米秸秆、小麦秸秆、棉秆、稻草、树枝、花生壳、玉米芯等废弃物为原料。

2. 比重大，便于储运，燃烧时间长

秸秆经粉碎加工压密成型，密度加大。成型产品的体积相当于原秸秆的 1/30。大大延长了秸秆燃烧时间，是同重量秸秆的 10～15 倍。

3. 热值高

秸秆燃烧是在高温挤压下，不完全炭化的过程中成型的。成型产品比原秸秆的热值提高 500～1 000 卡。

4. 应用广泛

可以代替木柴、液化气等。广泛用于生活炉灶、取暖炉、热水锅炉、工业锅炉等，是国内新型的环保清洁可再生能源。

二、机具配套

（一）螺旋挤压式成型机

螺旋挤压成型技术成品密度高、质量好、热值高，更适合再加工成为炭化燃料。但是产量低、能耗高、易损件寿命短、原料含水率要求苛刻（8%～12%）。物料由进料口进入，落到锥形螺旋推进器直径较大的一端，由螺杆旋转推动，向直径较小的一端移动，并进入压缩管，最后从压缩管的一端出来，形成棒状成型燃料（图 4-6）。

图 4-6　螺旋挤压式成型机

（二）压模辊压式成型机

辊模挤压成型技术是在颗粒饲料生产技术基础上发展起来的。一般不需要外部加热，依靠物料挤压成型时产生的摩擦热即可使物料软化和黏合。对原料的含水率要求较宽，一般在 10%～18% 均能成型，其成型最佳水分为 16% 左右。辊模挤压成型法对物料的适应性最好。该技术又可分为环模挤压和平模挤压两种。

图 4-7　HM 系列立环模制粒机

1. 环模颗粒成型机

压辊轴固定不动，环模旋转，环模腔内的物料被压辊挤压出环模并成型，再由切刀切下。主要易损件环模使用寿命短、成本高。主要由料斗、螺旋供料器、搅拌器、模辊压制室、电机及减速传动装置等组成。原料在配料仓内加黏结剂，并由配料仓内的抄板进行搅拌混合、调湿处理，随后螺旋供料器将物料喂入压制室制粒。在压制室内，进料刮板将调质好的物料均匀地分配到模、辊之间。由压模通过模、辊间的物料及其间的摩擦力使压辊自转不公转，由于模、辊的旋转将模、辊间的物料嵌入、挤压，最后成条柱状从模孔中被连续挤出来，再由安装在压模外面的固定切刀切成一定长度的颗粒燃料（图 4-7）。

2. 平模颗粒成型机

采用水平圆盘压模及与其相配的压辊为主要工作部件，又称为立轴平模颗粒成型机。其结构主要有料斗、螺旋供料器、模辊压制室、电机及传动装置。由螺旋供料器将物料输送喂入模辊压制室，原料进入压制室后，在压辊作用下挤入平模成形孔，压成条柱状从平模的下边挤出，切刀将条柱切割成粒，排出机体外。平模颗粒成型机相对于环模机吨料耗电低、辊模寿命长（图 4-8，图 4-9）。

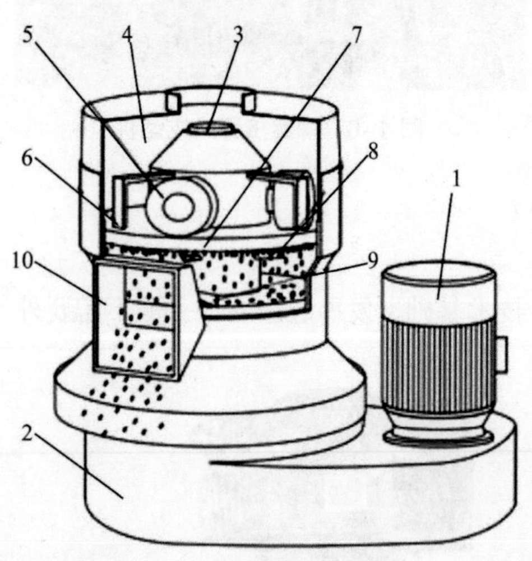

1. 电动机　2. 传动箱　3. 主轴　4. 喂料室
5. 压辊　6. 均料板　7. 平模　8. 切刀
9. 扫料板　10. 出料口

图 4-8　平模压缩成型机

图 4-9　小型平模饲料颗粒机

（三）活塞冲压式成型机

物料落入活塞腔中，由活塞推动向较细的一端移动，经压缩管压缩成型，由出料口出料。成型密度较大，允许物料水分高达 20% 左右。但因为是活塞往复运动间歇成型，生产率不高，产品质量不太稳定，不适宜炭化。活塞式的成型模腔容易磨损，一般 100 h 要修 1 次，有的含 S_iO_2 少的生物质材料可维持 300 h。用发动机或电动机通过机械传动驱动成型的是机械驱动活塞冲压式成型机，用液压机构驱动的是液压驱动活塞冲压式成型机。

1. 机械驱动活塞冲压式成型机

典型的机械驱动活塞冲压式成型机的结构由成型筒、料斗、套筒、飞轮和电机组成。由电机带动飞轮转动，利用飞轮贮存的能量，通过曲柄连杆机构，带动活塞作高速往返运动，产生冲压力将生物质固体成型。机械驱动式生产能力大，生产率可达 0.7 t/h，产品密度大，但振动和噪声大。

2. 液压驱动活塞冲压式成型机

液压驱动活塞冲压式成型机是利用液压油缸所提供的压力，带动冲压活塞使秸秆等生物质原料冲压成型。其运行稳定性得到极大的改善，而且产生的噪声也很小，明显改善了操作环境。此外，液压驱动活塞冲压式成型机对原料的含水率要求不高，允许原料含水率可高达 20% 左右。液压驱动设计比较成熟，运行平稳，油温便于控制，体积小，驱动力大，一般当产品外径为 8～10 cm 时，生产率就可达到 1 t/h。

三、工艺流程

（原料预处理）→输送上料→原料切碎→输送上料→压制成型→输送出料→自然风干→计量包装。

（一）热成型技术

秸秆热压成型就是以秸秆的木质素为黏结剂，纤维素为“骨架”，在 200℃左右的温度下使物料中的木质素软化，同时通过高压将物料挤压成棒料。热成型加工工艺由干燥、粉碎、加热、压缩、冷却过程组成，螺杆挤压成型机对粉料含水率有严格要求，必须控制在 8%～12%，以防高压蒸汽喷出，影响设备正常运转。

（二）冷成型技术

冷成型技术是指在常温下，通过特殊的挤压方式，使粉碎的生物质纤维结构相互镶嵌包裹，同时由于摩擦挤压产热作用导致部分木质素软化教结成型。冷成型技术的工艺只需粉碎和压缩两个环节，与热成型技术相比，具有原料实用性广，设备系统简单、体积小、重量轻、价格低、可移动性强、颗粒成型能耗低，成本低等优点。冷成型又分为 Highzones 技术、SDBF 技术、Eco Tre System 技术。

（1）Highzones 技术，又称生物质常温固化技术，是把秸秆、杂草、灌木枝条乃至果壳果皮等农林废弃物在常温下压缩成热值达 11.9～18.8 MJ 的高密度燃料棒或颗粒，成为燃烧方式、热值均接近煤炭却基本无污染物排放的高品位清洁能源。

（2）SDBF 技术，是在一定的温度和压力作用下，将各类分散的、没有一定形状的秸秆经干燥、粉碎后压制成规则的、密度较大的棒状、块状或颗粒状等成型燃料从而提高其运输和贮存能力，改善秸秆燃烧性能，提高利用效率，扩大应用范围。

（3）Eco Tre System 技术，是意大利研究开发的新型木质颗粒制粒生产系统。这种制粒方法能耗很低（比传统工艺方法减少 60%～70%），而且机器磨损也大大减少，总成本降低很多。颗粒成品的质量价格与煤相当，可望从根本上取代燃煤。

（三）炭化成型技术

炭化成型技术是将生物质成型燃料经干燥后，置于炭化设备中，在缺氧条件下闷烧，即可得到机制木炭的技术。炭化后的原料在挤压成型后维持既定形状的能力较差，贮存、运输和使用时容易开裂或破碎，所以采用炭化成型技术时，一般都要加入一定量的黏结剂，在我国则采用植物纤维和碱法草浆原生墨液、腐殖酸纳渣等作复合黏结剂。在消烟助燃剂方面，研究最多的是钡剂，钡剂不仅可消烟助燃，还可降低 SO_2 等有害物质的排放。

四、注意事项

（1）秸秆固化成型前须先进行切碎（粉碎、揉丝）至设备要求长度，纯小麦秸秆效果不佳，若进行麦秸秆压制时需加入不低于 30% 的稻秸秆、玉米秸秆或其他易于成型的物料。

（2）为保证机器成型效果，物料切碎（粉碎、揉丝）或成型前须检查物料含水率情况，若含水率过高，则须晾干至符合要求；如含水率过低则在物料上均匀适量喷水，混匀并堆放 8 h 以上再检查含水率情况，直至符合含水率要求方可进行作业。

（3）机器作业前，操作者应戴好防尘罩和穿好长袖工作服进行有效防尘，如发现异常应立即切断电源，排除故障后方可继续作业。

（4）作业前应先进行检查，物料、机器内部是否有硬物混入，并及时清理；压轮与压辊间隙是否在规定范围内并及时进行调整。

（5）对有加热功能的成型设备，作业时首先按下电加热开关，对模具进行加热，待温度达到预定温度（根据原料不同，温度一般在 80～200℃），空车运转 2～3 min 待电机运转正常后，再启动上料输送机。

（6）开始喂料时要均匀连续地进料，不要时多时少。在上料过程中要目视控制柜上的电流表尽量使电流稳定在电机规定的额定电流之内，使投料量与电机负荷相一致，防止超负荷工作，以免物料堵塞或烧坏电机。

（7）成型机因堵塞不能转动时，严禁强行启动电机，待料仓内的物料清除干净后方可重新启动电机。

（8）结束工作停机前，为使下一次机器作业模孔正常出料，准备 30 kg 左右的物料，均匀喷洒水使其含水率在 25%～40 %，倒入料箱压制直到出散料为止。

五、适宜区域

适用于秸秆资源丰富，玉米等大田农作物常年播种面积广阔的地区。秸秆成型燃料主要用于供热，包括区域供热、小型热水锅炉（功率为 0.5～4 MW）和家用采暖炉及壁炉，为家庭用户提供生活热水和室内取暖，可在农村地区进行推广。

第三节　秸秆炭化技术

一、技术内容及特点

（一）秸秆炭化成型基本原理

秸秆炭化是将秸秆经烘干、粉碎，然后在制碳设备中，在隔氧或少量通氧的条件下，经干燥、干馏（热解）冷却等工序，使松散的秸秆制成木炭的过程。通过秸秆炭化生产的木炭称为秸秆木炭或者秸秆炭。由于秸秆炭化与传统的木炭烧制法不同，它以机械加工为主要手段，因而人们又把秸秆木炭称为机制秸秆木炭或机制木炭。由于秸秆炭化拓展了木炭生产的原料来源，所以把以秸秆、木材等生物质为原料通过机械干馏而制取的木炭统称为生物质木炭，简称为生物炭。

秸秆炭化在隔氧或者少量通氧的条件下，被高温分解生成燃气、焦油和炭，其中燃气和焦油又从炭化炉释放出去，最后得到秸秆炭。机制高温秸秆木炭含炭量高达80%以上，热值在30 000KJ/kg左右。以玉米秸秆炭为例，热值约为煤的0.7～0.8倍，即1.25t的玉米秸秆成型燃料块相当于1t煤的热值，玉米秸秆成型燃料块在配套的下燃式生物质燃烧炉中燃烧。其燃烧效率是燃煤锅炉的1.3～1.5倍，因此1t玉米秸秆成型燃料块的热量利用率与1t煤的热量利用率相当。

（二）秸秆炭的特点

秸秆炭既可解决农村的基本生活能源和提高农民收入，又是新兴的生物质发电专用燃料，也可以直接用于城市传统的燃煤锅炉，以代替煤炭，节约能源。

1. 原材料充足，成本较低

制作工艺简单，可加工成多种形状规格，体积仅相当于原秸秆的1/30，贮运方便。秸秆炭化原料可就地取材，平均每3.5t秸秆或3t固化成型的秸秆可生产1t秸秆炭，生产1t秸秆木炭比木材木炭的原料（低等材和等外材）成本低1/4～1/3。

2. 产品品质好，用途广

一是由于挥发分和焦油的大量洗出，秸秆木炭燃烧时几乎无烟、无味、无残渣，燃烧时污染极小，排放的SO_2很少，是一种清洁能源；二是因其独特的微孔结构和超强的吸附能力，被广泛地应用于食品、制药、化工、冶金、造纸、国防、农业及环境保护等诸多方面，进行吸附、去胶、除异味，也可用于污水处理和空气净化，替代吸附剂和净化剂等；三是可用于改良土壤，修复重金属污染的土壤，减小土壤容重，改善通气性，炭粉可作为肥料的缓释剂，既可使肥料不易随雨水流失，又能使土壤养分保持一个平稳的状态，为作物长期、均衡供肥。

3. 副产品综合利用，效益高

100kg秸秆能够生产木炭30kg、木醋液25kg、燃气30m^3。木醋液对人畜无毒副作用，可防虫、防病、促进作物生长，可用于养殖和公共场所的消毒、除臭，用于蔬菜、水果等农作物的病虫害防治。

二、机具配套

炭化炉是秸秆炭化工艺的关键设备。

（一）自燃式炭化炉

利用自燃方式直接产生定型木炭技术，特别适用农林秸秆及其剩余物的生物质转化。既结合了传统工艺的生产方式，又采用了现代机械制造技术。自燃式炭化炉利用干馏炭化原理，将炉内薪棒缺氧加热分解生成可燃气体、焦油和炭。用移动式钢板结构，炉顶部的排烟管道依次与焦油分离器及引风机连接，产量 0.8~1.0 t/d（图 4-10）。

图 4-10　自燃式炭化炉

（二）连续式炭化机

由炉体和可燃气处理装置组成，两部分通过可燃气管道连接。炉体包括上层裂解室、中层半裂解半煅烧室、下层煅烧室及底层燃烧器等部件，可燃气处理装置包括生物质气化炉、烟尘处理器、可燃气净化器、可燃气冷凝器及引风机等部件。连续式炭化炉适用于稻壳等细小粉末状的炭化，不宜用于炭化较大的材料，整个流程不产生有害气体，不污染环境。该设备自动烘干原料并排出水分，大大提高了炭化的效率。

炭化机刚开始启动（先进行上料）加温时，需要热源加温炭化炉。一种是采用反射炉产生的热气流来进行燃烧炭化，达到升温炭化的目的，另一种是采用气化炉装置，把秸秆末通过气化炉点燃，气化产生的可燃气体来燃烧炭化，达到升温炭化的目的（气化过的秸秆末经过炭化炭粉输出装置成为炭化过的炭粉，另外把可燃气体通过木焦油回收装置回收）。

炭化到一定温度时，里面产生的可燃气体通过粉尘分离器来进行粉尘分离，粉尘分离后的可燃气体再通过木焦油回收装置回收。待炭化加温自产气体后，这时候的反射炉加温或气化炉产气装置停止工作，初步加温设备工作结束。

炭化大概 2～3 h 后，炭粉从炭化炉流入炭粉冷却器并从冷却器流出，设备生产正常可连续不间断下料（图 4-11）。

图 4-11　连续式炭化机

（三）气流式吊装炭化炉

气流式吊装炭化炉是组合式气流炭化炉（图 4-12）。它采用吊装组合结构，利用吊离冷却的方法，一天可炭化多炉，大大缩短了生产周期，提高了木炭生产效率。可实现连续化联体化生产，提高了木炭产量。采用独特的贮气室结构，使炭化所产生的烟气得到充分利用。除炉子自身利用，达到节能环保要求外，其余 60% 的烟气可用作其他如烘干、炭化等的热源，节约了生产中的大量燃料。

图 4-12　气流式吊装炭化炉

三、工艺流程

秸秆炭化工艺可分为两大类，一是利用固化秸秆进行炭化，即先成型后炭化，二是利用秸秆直接炭化，即先炭化后成型。干馏是炭化秸秆的的主要生物质热转化工艺。

（一）固化秸秆炭化（先成型后炭化）工艺流程

原料→粉碎干燥→固化成型→炭化→冷却包装入库。

先用固化成型机将松散细碎的农作物秸秆压缩成具有一定密度和形状的燃料块或燃料棒，然后再用炭化炉将其炭化。

干馏的状态下加热炭化分为如下 4 个阶段。

1. 预热和干燥阶段

在炭化第一阶段，先用煤或树枝加热干馏罐。在生物质的燃烧过程中，当温度达到 100℃时生物质进入干燥阶段，水分开始蒸发；水分是炭化木炭的天敌，如水分不能尽快地排出，窑内即形成雾状，使原料棒开始受潮、膨胀、棒型分解，炭化后即为碎炭、裂纹炭，严重影响木炭的质量；这种反应是原料在炉内吸热的过程，干燥过程需要大量的热能补充炉内。干馏是挥发份析出及木炭形成的阶段，对已经干燥的原料持续加热，挥发份开始析出，挥发份挥发完毕后剩下是灰份与固定炭，即是木炭。以上二阶段的即为吸热与放热的过程。

2. 挥发份燃烧阶段

原料在高温条件下，热解析出挥发份在高温下开始燃烧为分解燃烧，同时释放出大量热量，一般可占总热量的70%，同时有热气流随炭化炉的循环管返回到干馏罐底部进行燃烧，这时又为炼炭的过程。

3. 成炭阶段

当炭化炉的循环管返回的咽气逐步变小时，证明炭化逐步结束，这是应阻断热气流让其灭火，用龙门架吊出成熟罐，把下一个装满薪棒的干馏罐吊入干馏炉中重复炭化。应指出以上各个阶段虽然是依次串连进行的但也有一部分是重叠进行的，重点应指出原料棒在炉内干燥阶段是炭化的一个非常重要的一个环节，其时间应控制在2个小时以上，使其充分干燥，有利于提高木炭质量，是减少碎炭、裂纹炭的重要因素。

（二）秸秆直接炭化（先炭化后成型）工艺流程

原料→粉碎干燥→炭化→成型→冷却包装入库。

先将农作物秸秆炭化成颗粒状炭粉，然后再添加一定量的黏结剂，用成型机将炭粉挤压成一定规格和形状的成型炭。

四、注意事项

（1）对于先成型后炭化工艺，农作物秸秆粉碎长度不应超过5mm。粉碎后的秸秆需要在干燥炉或烘干机里干燥至含水率为6%左右。

（2）对于先炭化后成型工艺，由于秸秆炭化后的原料在挤压成型后强度较差，储运和使用过程中容易开裂和破碎，一般要在成型工序中加入一定量的黏结剂来增加其强度，改善其在储存、运输和使用中的稳定性和密实度。

五、适宜区域

秸秆炭可以代替木柴、原煤、液化气等，广泛用于生活炉灶、取暖炉、热水锅炉、工业锅炉、生物质电厂等。现有的燃煤锅炉完全适应生物质燃料，无须更换锅炉。秸秆炭化技术适用于秸秆资源丰富、规模大的区域。

第四节　秸秆沼气生产技术

一、技术内容及特点

（一）技术内容

秸秆沼气生产技术是指以农作物秸秆（小麦、水稻、玉米等）为主要发酵原料，通过厌氧发酵方式生产沼气的技术。沼气发酵是由多种微生物在没有氧气（厌氧）存在的条件下分解有机物来完成的。有机物和各种厌氧型微生物共存，在厌氧、温度5～70℃、pH值中性等条件下，有机物的分解就会自然发生，最终生成CH_4（60%左右）和CO_2（36%左右）。

（二）技术特点

（1）原料来源稳定。秸秆随农事活动批量获得，能长时间存放不影响产气，解决了已建池但又无原料的沼气池或季节性养猪农户发酵原料不足的问题，可随时满足沼气池进料需要，可一次性大量入池，大大提高了沼气池的使用率。

（2）需要较长时间分解才能达到预期的沼气产量。

（3）秸秆沼气发酵后不仅可以提供清洁能源，而且厌氧消化后的沼液、沼渣还是优质的有机肥料能有效培肥地力和增强作物的抗逆能力。

二、机具配套

按照使用的规模和形式，沼气设施可分为户用沼气池和大中型秸秆沼气工程两种类型。户用秸秆沼气池，池容8～12m^3，以农户为建设单元，沼气自产自用。大中型秸秆沼气工程池容一般在300m^3以上，主要适用于规模化种植园或农场秸秆集中处理，所产沼气主要用于发电。

（一）户用沼气池

随着我国沼气科学技术的发展和农村家用沼气的推广，根据不同的使用要求和气温、地质等条件，出现了多种多样的沼气池。按照我国《农村户用沼气池建池技术标准》，按照池型分类主要有水压式沼气池、分离贮气浮罩式沼气池两类。水压式沼气池按发酵池的几何形状，可分为圆筒形沼气池、椭球形沼气池、球形沼气池；按建材结构，可分为混凝土现浇结构、砖混结构、钢筋混凝土预制块结构；发酵池容积规定为 $6m^3$、$8m^3$ 和 $10m^3$。分离贮气浮罩式沼气池的发酵池形结构，基本与水压式圆筒形沼气池相同；发酵池容积规定为 $6m^3$、$8m^3$ 和 $10m^3$、$12m^3$，相应配备的钢筋混凝土浮罩容积为 $1m^3$、$2m^3$、$3m^3$ 和 $4m^3$。

1. 水压式沼气池

水压式沼气池是我国推广最早、应用数量最多的池型。水压式沼气池有固定拱盖水压式池、吊管式水压式池和曲流布料水压式池这几种。

固定拱盖水压式沼气池有圆筒形（图 4–13）、球形（图 4–14）和椭球形（图 4–15）三种池型。这种池型的池体上部气室完全封闭，随着沼气的不断产生，沼气压力相应提高。这个不断增高的气压，迫使沼气池内的一部分料液进到与池体相通的水压间内，使得水压间内的液面升高。这样一来，水压间的液面跟沼气池体内的液面就产生了一个水位差，这个水位差就叫做“水压”（也就是 U 形管沼气压力表显示的数值）。用气时，沼气开关打开，沼气在水压下排出；当沼气减少时，水压间的料液又返回池体内，使得水位差不断下降，导致沼气压力也随之相应降低。这种利用部分料液来回串动，引起水压反复变化来贮存和排放沼气的池型，就称之为水压式沼气池。

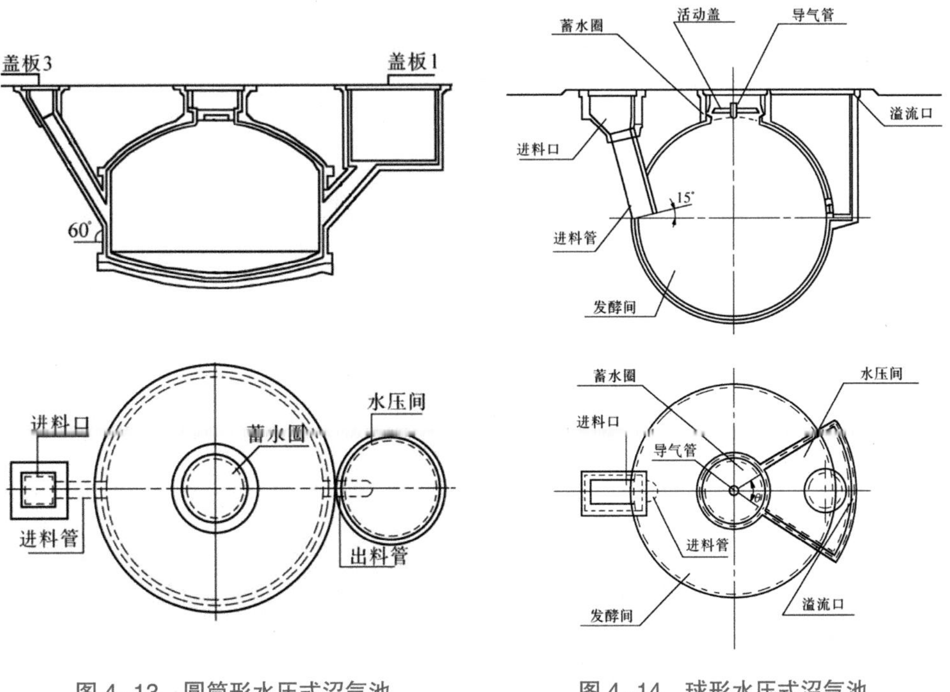

图 4–13　圆筒形水压式沼气池

图 4–14　球形水压式沼气池

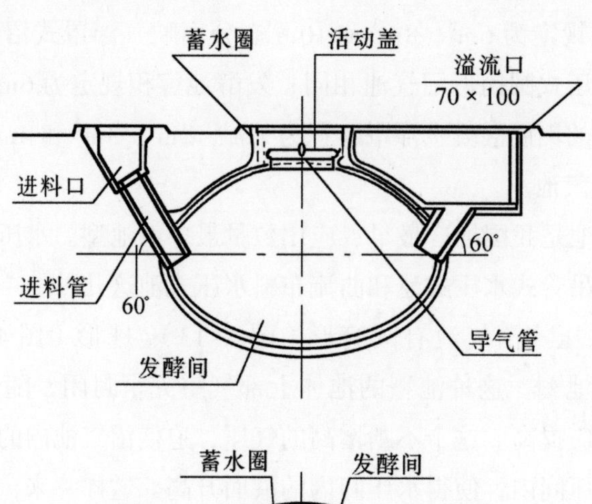

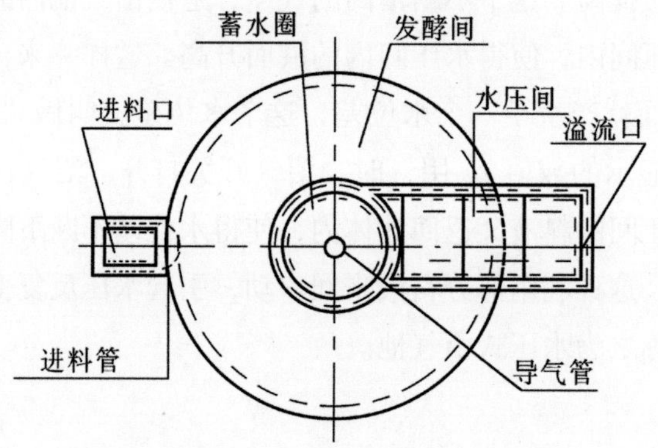

图 4-15　椭球形水压式沼气池

水压式沼气池优点如下。

（1）池体结构受力性能良好，而且充分利用土壤的承载能力，省工省料，成本比较低。

（2）适于装填多种发酵原料，特别是大量的作物秸秆。

（3）为便于经常进料，厕所、猪圈可以建在沼气池上面，粪便随时都能打扫进池。

（4）沼气池周围都与土壤接触，对池体保温有一定的作用。

水压式沼气池缺点如下。

（1）由于气压反复变化，而且一般在 4～16kPa（即 40～160cm 水柱）压力之间变化。这对池体强度和灯具、灶具燃烧效率的稳定与提高都有不利的影响。

（2）由于没有搅拌装置，池内浮渣容易结壳，又难于破碎，所以发酵原料的利用率不高，池容产气率（即每立方米池容积一昼夜的产气量）偏低，一般产气率每天仅为 0.15 m^3 左右。

（3）由于活动盖直径不能加大，对发酵原料以秸秆为主的沼气池来说，大出料工作比较困难。因此，出料的时候最好采用机械出料。

中心吊管水压式沼气池（图 4–16）将活动盖改为钢丝网水泥进、出料吊管，使其有一管三用的功能（代替进料管、出料管和活动盖），简化了结构，降低了建池成本，又因料液使沼气池拱盖经常处于潮湿状态，有利于其气密性能的提高。而且，出料方便，便于人工搅拌。但是，新鲜的原料常和发酵后的旧料液混在一起，原料的利用率有所下降。

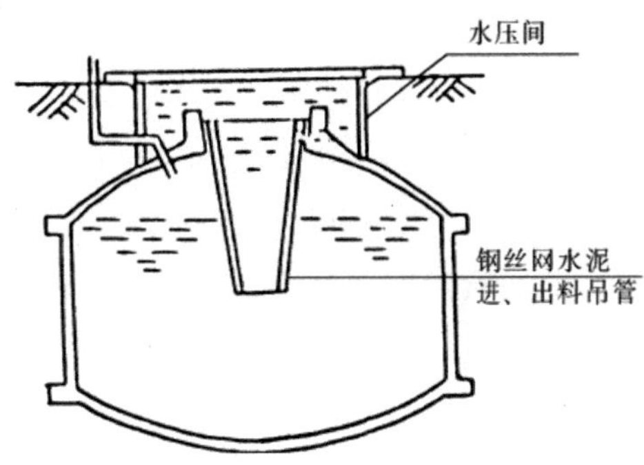

图 4–16　中心吊管式沼气池

无活动盖底层出料水压式沼气池（图 4–17）是一种变型的水压式沼气池。该池型将水压式沼气池活动盖取消，把沼气池拱盖封死，只留导气管，并且加大水压间容积，这样可避免因沼气池活动盖密封不严带来的问题。沼气池为圆柱形，斜坡池底，由发酵间、贮气间、进料口、出料口、水压间、导气管等组成。

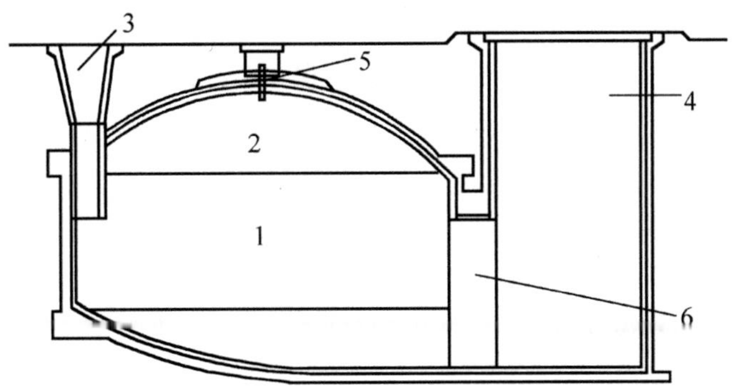

1. 发酵间 2. 贮气间 3. 进料口 4. 出料口、水压间 5. 导气管 6. 出料口通道

图 4–17　底层出料水压式沼气池构造

未产气时，进料管、发酵间、水压间的料液在同一水平面上。产气时，经微生物发酵分解而产生的沼气上升到贮气间，由于贮气间密封不漏气，沼气不断积

聚，便产生压力。当沼气压力超过大气压力时，便把沼气池内的料液压出，进料管和水压间内水位上升，发酵间水压下降，产生了水位差，由于水压气而使贮气间内的沼气保持一定的压力。用气时，沼气从导气管输出，水压间的水流回发酵间，即水压间水位下降，发酵间水位上升。依靠水压间水位的自动升降，使贮气间的沼气压力能自动调节，保持燃烧设备火力的稳定。产气太少时，如果发酵间产生的沼气跟不上用气需要，则发酵间水位将逐渐与水压间水位相平，最后压差消失，沼气停止输出。

2. 分离贮气浮罩式沼气池

浮罩式沼气池由发酵池与贮气浮罩一体化组成。基础池底用混凝土浇制，两侧为进、出料管，池体呈圆柱状。浮罩大多数用钢材制成，或用薄壳水泥构件。发酵池产生沼气后，慢慢将浮罩顶起，并依靠浮罩的自身重力，使气室产生一定的压力，便于沼气输出。这种沼气池可以一次性投料，也可半连续投料，其特点是所产沼气压力比较均匀。

分离浮罩式沼气池将发酵池与气浮罩分开建造，其优点是既保持了水压式沼气池的基本特点，又吸取了浮罩式沼气池的优点。发酵间与水压式沼气池相仿，但尽可能缩小空气间体积，然后另做一个浮罩气室，沼气间产生沼气后，沼气通过输气管路源源不断地输送到贮气罩，贮气罩升高。用气时，沼气由贮气罩压出，通过输气系统，送至沼气燃具使用。

分离浮罩式沼气池从上流式厌氧池底部进料，沼液经厌氧池从上部通过溢流管自溢流入储粪池。沼渣通过设置在其底部的出料口排入储粪池，或者回流到进料管，起到搅拌和污泥菌种回流的作用，以保留菌种，并使发酵原料与新鲜料液混合均匀，加快发酵原料的分解。沼气储存在分离的浮罩内供用户使用。

分离浮罩式沼气池构造简单，施工方便，可使用目前已推广的水压式沼气池的模具；提高了池容产气率；解决了出料难的问题，三年之内不需下池出沉渣，劳动强度轻，安全可靠；管理简单，能自进料，自动溢料，满足农户用肥需要。

（二）大中型秸秆沼气工程

大中型秸秆沼气主要是指发酵池容积在 300 m^3 以上，以向农户供气、供暖以及沼气发电为主要目的沼气工程，同时这类工程还可兼顾产生优质有机肥。一个完整的秸秆沼气工程主要包括预处理系统、厌氧发酵系统、沼气净化及管网输送系统、加热保温系统、沼液沼渣利用系统和监控及数据采集系统六部分（图4-18）。

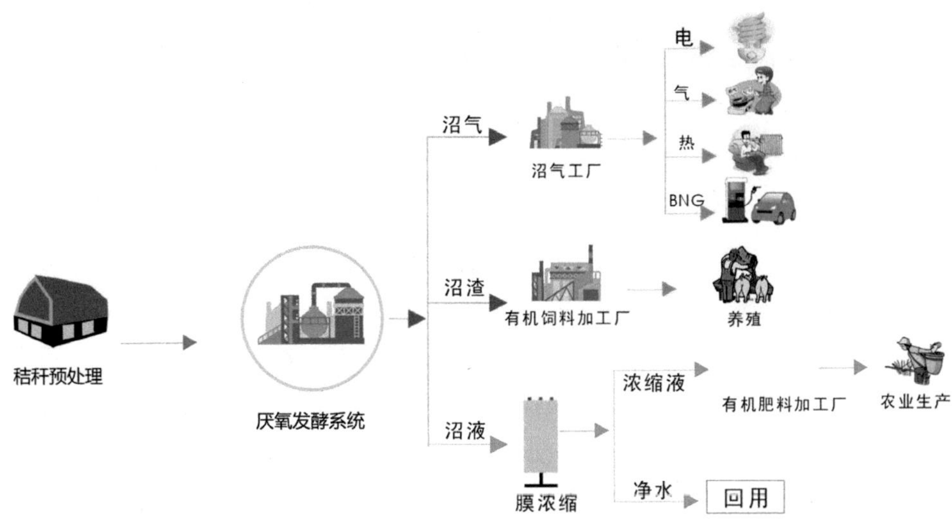

图 4-18 大中型秸秆沼气工程

三、工艺流程

（一）户用秸秆沼气技术

秸秆收集→粉碎→水浸泡→堆沤→进池发酵→产气使用。

1. 秸秆收集与粉碎

户用秸秆沼气原料主要是各种农作物秸秆如玉米秸秆等。参照以下数值准备干秸秆的量：6m^3 沼气池，干秸秆的量为 300kg；8m^3 沼气池，干秸秆的量为 400kg；10m^3 沼气池，干秸秆的量为 500kg。将所需秸秆收集后，堆积在开阔区域让其自然晾晒和风干，随后对处于干燥状态的秸秆进行机械粉碎或铡切，长度应控制在 5cm 以内。

2. 堆沤处理

（1）粉碎后的秸秆必须进行堆沤预处理，以较常见的 8m^3 沼气池为例：将 400kg 粉碎秸秆加水 300～400kg（或等量沼液），充分拌匀，湿水程度为用手捏指尖能滴水为宜，适宜区域为南方以及附近省市的农户和相关的农场。

（2）以较常见的 8m^3 沼气池为例：每 400kg 干秸秆，需加秸秆预处理复合菌剂 1kg。用沼液拌和秸秆，可不加菌剂，秸秆中另加碳酸铵 5kg。

（3）加菌剂和碳酸铵时再翻堆一次，使得菌剂和碳酸铵充分混匀。

（4）秸秆应堆成矩形立方体，上部用塑料薄膜覆盖，并均匀分布三排约 40

个气孔，薄膜下部周边留 10cm 空隙，以便滤水和透气。堆沤时间一般为夏季 3 天，春、秋季 4～5 天，冬季 6～7 天。因气候变化的影响，堆沤时间长短的确定以秸秆表面长满菌丝为宜。

（5）如果发酵原料中包含粪便，则粪便原料可不做堆沤处理，在后期的投料阶段直接和堆沤好的秸秆混匀后投入沼气池中。如无接种物，应将粪便原料加水浸透覆盖薄膜，进行堆沤处理。

3. 投料量与配比

启动阶段，应向沼气池中加入堆沤好的秸秆，并配备相应的畜禽粪便。下面以常见的水压式沼气池为例，说明投入的总量以及配比。

（1）$6m^3$ 的秸秆沼气池，按照牛粪或猪粪 $0.7m^3$ 与玉米秸、麦秸、稻草 300kg 的量投料。

（2）$8m^3$ 的秸秆沼气池，按照牛粪或猪粪 $0.8m^3$ 与玉米秸、麦秸、稻草 400kg 的量投料。

（3）$10m^3$ 的秸秆沼气池，按照牛粪或猪粪 $1m^3$ 与玉米秸、麦秸、稻草 500kg 的量投料。

4. 沼气池装料

（1）经过堆沤后的发酵原料，进池时应添加相应的接种物，接种物种类分为两种：沼渣液或活性污泥。接种物总量控制在 1 000～2 000kg，接种物投放方式应采用分层加入的方法，即边装料边加入接种物。

（2）添加氮源素，目前常用的氮源有碳酸铵或人畜粪尿。如果加入碳酸铵，总量控制在 8～10kg。如果加入人畜粪尿，加入总量则为 300～500kg。

（3）先装堆沤好的干料，然后加入溶化好的碳酸铵，有人粪便可不加入碳酸铵，加入粪尿 300～500kg，再加水 2 000～3 000kg，直至发酵液面离天窗口下沿 500～550ml 为止。

（二）大中型秸秆沼气技术

我国秸秆沼气工艺类型多样，根据秸秆物料在反应器中的形态，大致可分为液态消化、固态消化和固液两相消化工艺形态。各种工艺都有其自身的特点，但也有其共性，整体而言各种工艺流程如图 4-19 所示。

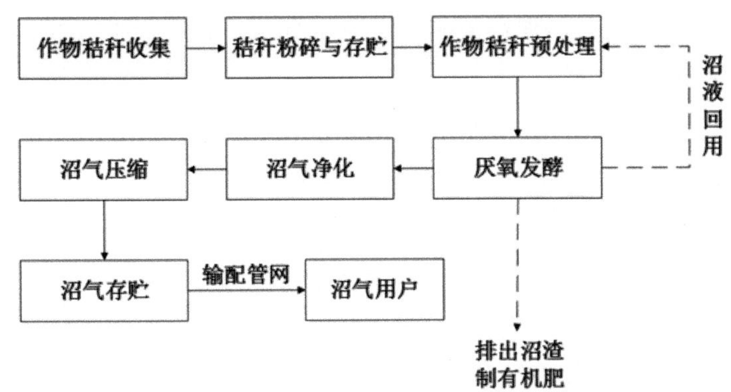

图 4-19　大中型秸秆沼气技术工艺流程

1. 液态消化

液态消化是指秸秆物料在有流动水状态下进行的厌氧消化过程。应用于秸秆沼气工程的液态消化工艺以完全混合式和自载体生物膜厌氧消化工艺为主。该两种工艺比较成熟，发酵原料固体含量在 8% 左右，都是在厌氧消化器内安装有搅拌装置，通过适当搅拌改善厌氧菌群与物料接触和传质传热等效果，从而提高沼气生产效率的厌氧消化技术。由于采用了搅拌装置，消化装置内物料处于完全均匀或基本均匀的状态，因此微生物能和原料充分接触。

液态消化反应器为立式或卧式，通常采用序批式或连续式进出料方式，沼液回流循环使用，减少了沼液外排。液态消化技术在国外已被大量应用于混合原料的处理。但由于物料含水率高，该技术所需消化器体积较大，加热和搅拌能耗高，且微生物容易随出料流失。

2. 固态消化

固态消化是指没有或几乎没有流动水状态下进行的秸秆厌氧消化过程。根据投料方式不同，固体消化也可分为序批式和连续式工艺。由于秸秆固体浓度高，进出料困难，因此我国秸秆沼气工程以序批式投料为主，主要有覆膜槽干式、车库（集装箱）式和红泥塑料厌氧消化工艺。由于单个消化周期内存在产气高峰、低谷明显等特点，因此序批式沼气工程大都采用多个不同消化阶段反应器并联的方式运行，以保证整个系统产气稳定。

覆膜槽干式消化工艺是以秸秆、粪便等为原料，通过好氧前处理→厌氧消化产气→剩余物处理 3 个阶段进行沼气生产的厌氧消化技术。其突出的特点是首先以好氧堆肥方法对物料进行机械搅拌，利用生物能使原料升温（同时实施秸秆生

物预处理），再辅以高效的保温措施，不用外加热源就能达到中温厌氧消化所需温度，减少了系统的能耗。

车库式厌氧消化工艺是指固体混合物料在多个并联的车库型或集装箱型厌氧反应器中进行的序批式厌氧消化技术。经粉碎的秸秆直接与富含菌种的沼渣接种，用铲车送入反应器进行批式消化，通过渗滤液回流喷淋达到连续接种和缓解过度酸化的效果。该工艺运行能耗低，易于操作，且无沼液排放。该工艺对车库门的密封和反应仓内甲烷含量检测要求较高。

红泥塑料厌氧消化技术是采用地下砖混或钢筋混凝土结构作为厌氧消化器，并用红泥塑料覆盖收集沼气的技术。该技术对秸秆预处理要求不高，不需切碎或粉碎，分层添加畜禽粪便作为接种物和营养调节剂，直接在地面或敞开的消化器内堆制处理 5~10d。进料时往消化器内注入可淹没池内物料的水量，覆上红泥塑料并通过水封将消化器密封，进行厌氧消化。消化器顶部的四周设置喷淋管，定期添加液体或回流沼液，以防止结壳，提高产气效率。换料时可直接揭开红泥塑料覆皮，采用机械进出料。红泥塑料吸热性能好，能迅速提高消化器的温度。该技术需要的动力设备装置少，能耗低，且操作简便。

3. 固液两相消化工艺

固液两相厌氧消化是指固态和液态发酵原料分别在不同装置中进行厌氧消化的过程。固液两相消化工艺通过将固相和液相发酵原料分在不同区域，以达到产酸相和产甲烷相分离，并利用沼液回流实现循环接种。根据反应器个数的不同，可分为分离式两相和一体化两相厌氧消化技术。

分离式两相消化工艺是指固相和液相分别在不同消化器中进行的厌氧消化工艺。两相分离有利于产酸菌和产甲烷菌在各自的反应区内保持适宜的生长环境，同时，秸秆在产酸反应器中转化成易于消化的渗滤液，作为产甲烷消化器的原料生产沼气，沼液作为接种物回流至产酸反应器。该工艺可通过固相消化器的连续投料或多个处于不同消化阶段的序批消化器并联达到整个系统的连续稳定运行。但由于设置多个消化器的投资成本较高，目前应用较多的是以固体连续投料消化器为核心的两相秸秆沼气工程。

一体化两相厌氧消化技术是在同一反应器内实现固相和液相分区消化的连续厌氧工艺。秸秆经粉碎、青贮等预处理后，与回流的沼液混合，从消化器顶部均匀布料，由于沼液与秸秆密度不同，秸秆在消化器顶部呈相对静止“填料”状态，富含微生物的沼液部分向下流动，形成两相反应区，可提高微生物的活性。

同时，沼液回流可实现对物料的循环接种，有效解决秸秆厌氧消化容易酸化的技术难题。该技术通过连续性投料、出料，使得沼气生产连续稳定，适合处理干秸秆、青贮秸秆等类物料。

四、注意事项

（一）户用秸秆沼气技术注意事项

1. 安全操作

（1）沼气发酵启动过程中，试火应在农户的燃气灶具上进行，禁止在导气管口试火。

（2）沼气池在大换料及出料后维修时，要把所有盖口打开。使空气流通，在未通过动物实验证明池内确系安全时，不允许工作人员下池操作。

（3）池内操作人员不得使用明火照明，不准在池内吸烟。

（4）下池维修沼气池时不允许单人操作，下池人员要系安全绳，池上要有人监护，以防万一发生意外可以随时进行抢救。

（5）沼气池进出料口要加盖。

（6）输气管道、开关、接头等处要经常检修、防止输气管路漏气和堵塞。水压表要定期检查，确保水压表准确反映池内压力变化。要经常排放冷凝水收集器中的积水，以防管道发生水堵。

（7）在沼气池活动盖封闭的情况下，进出料的速度不宜过快，保证池内缓慢升压或降压。在沼气池日常进出料时，不得使用沼气燃烧器和有明火接近沼气池。

2. 氮源和秸秆的补充

沼气池正常运行过程中应注意补充氮源和添加秸秆，并视水压间水位高低补充水量或出一定量的沼渣、沼液。

3. 搅拌周期

每次加氮源、加秸秆时必须用手动泵强回流搅拌。

4. 换料方式

以秸秆为主要发酵原料的沼气池，运行 1 年后必须进行大换料。出料方式应先抽出沼液，留 10% 的沼液，然后从出料间用耙扒出秸秆渣。池内结壳严重的应打开活动盖，进行出料。

（二）大中型秸秆沼气技术注意事项

1. 场区消防系统设计

新建的大中型秸秆沼气工程主广区内的消防管网应设成环状管网，在环状管网的南北两侧各引出一根管道通过项目所在地消防系统与市政给水管相接。在工程区域内设置 2 座室外地下式消火栓。

2. 室内消防系统设计

根据灭火器配置规范要求，大中型秸秆沼气工程属于中危险等级，在操作间室内宜设置 2 个手提式干粉灭火器。灭火等级为 2A。

3. 危险物料的安全控制

对危险物料的安全控制是防火的有效的措施之一。新建的大中型秸秆沼气工程的设计为密闭系统，使易燃易爆和可燃物料在操作条件下置于密闭的设备和管道中，各个连接处采用可靠的密封措施。在容易聚集易燃易爆气体的场所，设置 1 台可燃气体浓度报警器，并将报警信号送至控制室。

4. 电气防火

新建的大中型秸秆沼气工程区域的爆炸危险区域的划分执行《爆炸和火栽危险环境电力装置设计规范》（GB50058—92），爆炸危险区域中使用相应防爆等级的电气设备（工作接地、保护接地、防雷接地及防静电地设计连在一起的公用接地网，接地电阻不大于 10 欧姆）。

5. 建筑物、构筑物防火

新建的秸秆沼气工程区内的构筑物、建筑物设计严格执行《建筑设计防火规范》，对需要做耐火保护的承重框架、支架、裙座、管架均按规范要求进行耐火保护，耐火极限不低于 1.5 h。

五、适宜区域

可根据原材料产地特点，在各地选择适宜的原料和工艺。总体来说，北方以玉米秸秆和麦秸为主要原料，南方以稻草为主要原料。

第五节　秸秆燃料乙醇生产技术

一、技术内容及特点

农作物秸秆乙醇生产技术是将作为糖源的碳水化合物的聚合体纤维素、半纤维素与结构复杂的木质素分离，然后将其分解成可发酵性糖，再将混合的戊糖和己糖转化为乙醇。其中，木质素是以苯丙烷及其衍生物为基本单元构成的高分子芳香族的酚类聚合物，起胶质的作用，它不能转化为乙醇。

乙醇具有特殊气味，易燃，是一种重要的工业原料，广泛应用于食品、化工、医药等领域，它可以部分或全部替代汽油，是一种热效率比较高、对环境污染较小的燃料。秸秆燃料乙醇具有较高的辛烷值和抗爆性，是一种优良的可再生能源，以生物燃料乙醇为代表的生物能源是国家战略性新兴产业方向。

二、机具配套

（一）蒸馏工艺设备

五塔差压蒸馏工艺主要设备有粗馏塔、水洗塔、精馏塔、脱甲醇塔、杂质塔、再沸器、冷凝器、闪蒸罐组成（图 4-20）。

图 4-20　五塔差压蒸馏工艺设备

1. 粗馏塔

将从发酵工段来的发酵成熟醪进行粗蒸馏，该塔上段为脱醛段，下段为脱水段，整个塔在真空下运行。发酵成熟醪经过塔顶的粗酒精蒸汽预热后进入该塔，粗酒精蒸汽上升到脱醛段，发酵醪中的固形物和大部分水下降到脱水段，在塔底排出酒糟，粗酒精蒸汽在脱醛段浓缩，经过塔顶的冷凝器组的分级冷凝，次酒精进入杂质塔，85%（V）酒精侧引出进入水洗塔。

2. 水洗塔

进料是从粗馏塔引出的85%（V）酒精，利用精馏塔塔底排出的废水稀释，使整个塔的蒸馏过程在常压且酒精低浓度下蒸馏，塔顶的酒精浓度35%（V），塔底的出料酒精浓度12%~15%（V），这样酒精中所有的杂质挥发系数都大于1，在塔内杂质在气相中的浓度始终大于液相中的浓度，杂质向上移动且在塔顶聚集，次酒精进入杂质塔，15%（V）酒精塔底引出进入精馏塔。

3. 精馏塔

进料是从水洗塔底引出的15%（V）酒精，在该塔内要排出绝大部分酒精中的杂质且保证采出的酒精浓度95%（V）以上，杂醇油在塔的中部侧引出，酒精浓度95%（V）在塔的上顶部侧引出，塔底排出的高温废水经过闪蒸产生二次蒸汽作为杂质塔的部分热源。该塔加压运行。

4. 脱甲醇塔

进料是从精馏塔上顶部侧引出的酒精浓度95%（V），该塔负压运行，酒精中的低沸点杂质向上移动且在塔顶聚集，经过塔顶的冷凝器组的分级冷凝，排出甲醇等低沸点杂质，塔底获得特优级酒精。该塔热源是水洗塔顶的酒精蒸汽。

5. 杂质塔

作用是将粗馏塔顶的后冷凝器、水洗塔的后冷凝器、脱甲醇塔的后冷凝器的次酒精通过再次蒸馏，在塔的中部提取杂醇油，塔的上顶部侧引出酒精浓度95%（V），此酒精回到水洗塔继续蒸馏再净化，经过塔顶的冷凝器组的分级冷凝提取醛酒。

（二）秸秆燃料乙醇废水处理系统

1. 调节池

由于废水温度较高且酸性较强，必须要调节其温度、稳定水质为中性条件，在调节池底部设有蒸汽加热管道，进行恒温控制并搅拌，调节废水水质，保障后续处理构筑物充分发挥其功能。

2. 一级厌氧系统（IC塔）

IC塔主要用来对高浓度秸秆燃料乙醇生产废水进行高温厌氧处理，具有占地面积很小、抗冲击负荷能力强、降解能力强、生物沼气利用价值高等特点，是该处理工艺中降解COD最主要的处理单元。

3. 二级厌氧系统（UASB）

UASB 是继 IC 塔之后的厌氧处理单元，主要是对 IC 塔处理后的中浓度废水进行二次厌氧处理，在中温条件下，继续降解 COD。

4. 厌氧沉淀池

厌氧沉淀池主要用来接纳二级厌氧系统的出水。采用中心进水四周出水的方式，出水溢流至回用水池。

5. CASS 池

CASS 作为好氧处理单元，主要进行脱氮除磷。CASS 池具有流程简单、运行灵活、处理效果好、运行费用低等特点。

三、工艺流程

秸秆洗涤→水解→发酵→蒸馏取酒。

（一）秸秆原料预处理

由于纤维素被难以降解的木质素所包裹，未经预处理的植物纤维原料的天然结构存在许多物理和化学的屏障作用，阻碍了纤维素酶接近纤维素表面，使纤维素酶难以发挥作用，所以纤维素直接酶水解的效率很低，仅为 10%～20%。因此，需要采取预处理措施，除去木质素、溶解半纤维素或破坏纤维素的晶体结构，达到破坏细胞壁结构（包括破坏纤维素—木质素—半纤维素之间的连接、降低纤维素的结晶度和除去木质素或半纤维素）、增加纤维素比表面积的目的，以便于纤维素酶的作用。

1. 物理法

物理法主要是机械粉碎。可通过切、碾和磨等工艺使秸秆原料的粒度变小，增加和酶接触的表面积，更重要的是破坏纤维素的晶体结构。物理法预处理需要较多能量，预处理成本高，而且水解率低。

2. 化学法

化学法是用酸、碱或有机溶剂对秸秆进行处理。稀酸预处理与酸水解相似，通过将秸秆原料中半纤维素水解为单糖，达到使秸秆原料结构疏松的目的，水解得到的糖液也可用作发酵。

（1）稀酸预处理法。稀酸水解产率低，但其能破坏纤维素的结晶结构，使原料结构疏松，从而有利于酶水解，经过稀酸预处理后可以显著提高纤维素的水解速率。

（2）碱预处理法。碱预处理法是利用木质素能够溶解于碱性溶液的特点，用稀氢氧化钠或氨溶液处理秸秆原料，破坏其中木质素的结构，从而便于酶水解的进行。稀氢氧化钠溶液处理引起秸秆原料润胀，使内部表面积增加，聚合度降低，结晶度下降，木质素和碳水化合物之间化学键断裂，木质素结构受到破坏。碱处理秸秆原料的效果主要取决于原料中的木质素含量。

3. 物理化学复合法

（1）蒸汽爆裂（自动水解）。蒸汽爆裂是秸秆原料预处理较常用的方法。蒸汽爆裂法是用高压饱和蒸汽处理生物质原料，然后突然减压，使原料爆裂降解。用水蒸气加热原料至160～260℃（0.69～4.83MPa），作用时间为几秒或几分钟，然后减压至大气压，由于高温引起半纤维素降解，木质素转化，使纤维素溶解性增加。蒸汽爆破法预处理后秸秆原料的酶法水解效率可达90%。蒸汽爆裂法的优点是能耗低，可以间歇操作也可以连续操作。主要适合硬木原料和农作物秸秆，但蒸汽爆裂操作涉及高压装备，投资成本较高。连续蒸汽爆裂的处理量较间歇式蒸汽爆裂法处理量多，但是装置更复杂，投资成本大为增加。

（2）氨纤维爆裂法。氨纤维爆裂（AFEX）法是将秸秆原料在高温和高压下用液氨处理，然后突然减压，造成纤维素晶体的爆裂。典型的AFEX工艺中，处理温度在90～95℃，维持时间20～30min，每千克固体原料用氨1～2 kg。氨纤维爆裂装备与蒸汽爆裂装备基本相同，另外需要氨的压缩回收装置，因此投资成本也很高。

（3）CO_2爆裂法。CO_2爆裂原理与水蒸气爆裂原理相似，在处理过程中部分CO_2以碳酸形式存在，增加秸秆原料的水解率。其效果比蒸汽爆裂法和氨纤维爆破法差，更缺乏经济竞争力。

4. 生物法

在秸秆预处理法中，褐腐菌、白腐菌和软腐菌等微生物被用来降解木质素和半纤维素，褐腐菌主要攻击纤维素，白腐菌和软腐菌攻击纤维素和木质素，生物预处理法中最有效的白腐菌是担子菌类。生物预处理的优点是能耗低，所需环境条件温和。但是生物预处理后水解得率很低，利用白腐菌预处理的一个主要缺点是白腐菌在除去木质素的同时，分解消耗部分纤维素和半纤维素。

（二）秸秆原料的水解处理

秸秆预处理后，需对其进行水解，使其转化成可发酵性糖。水解是破坏秸秆纤维素和半纤维素中的氢键，将其降解成可发酵性糖——戊糖和己糖。纤维素水解只有在催化剂存在下才能显著地进行，常用的催化剂是无机酸和纤维素酶，由此分别形成了酸水解工艺和酶水解工艺。

1. 酸水解

纤维素的结构单位是 D- 葡萄糖，是无分支的链状分子，纤维素经水解后可生成葡萄糖。酸水解可分为稀酸水解和浓酸水解。由于浓酸水解中的酸难以回收，目前主要用的是稀酸水解。

（1）稀酸水解。水解生产可分两步进行。第一步在较低的温度下，主要得到半纤维素的水解产物五碳糖；第二步在较高的温度下得到纤维素的水解产物葡萄糖，将两种糖液混合，用生石灰中和多余的酸后进行发酵生产乙醇。生产工艺上用1%的稀硫酸在 215℃下，在连续渗滤反应器中进行水解，固体物料填充其中，酸液连续流过。这样水解所产生的糖可连续流出，减少在床内停留的时间，相应地也减少糖的进一步反应，糖的转化率可达 50%左右。

（2）浓酸水解。浓酸水解是用 70%的硫酸在 50℃条件下在反应器中反应 2～6 h，纤维素首先被降解，降解在水里的物质经过几次浓缩沥干后得到糖。半纤维素水解后的固体残渣经过脱水后，在 30%～40%的硫酸中浸泡 1～4 h，再经脱水和干燥后，在 70%的硫酸中反应 1～4 h，回收的糖和酸溶液经过离子交换，分离出的酸在高效蒸发器中重新浓缩，剩余的固体残渣则再循环利用到下一次的水解中。浓酸水解过程的主要优点是糖的回收率高，大约有 90%的半纤维素和纤维素转化的糖被回收。

2. 酶水解

酶水解是采用微生物产生的纤维素酶，将纤维素分解为单糖。生产工艺包括酶生产、原料预处理和纤维素水解等步骤。酶水解选择性强，可在常压下进行，反应条件温和，微生物的培养与维持仅需少量原料，能量消耗小，可生成单一产物，糖转化率高（>95%），无腐蚀，不形成抑制产物和污染，是一种清洁生产工艺。

从现有的水平来看，采用温和的酶水解技术可能更为合适。但是纤维素酶的成本是秸秆转化乙醇技术发展的主要障碍，目前每加仑纤维素乙醇中纤维素的成本已从 2010 年的近 2 美元降低至约 0.30 美元（1 加仑 =3.7 854 升）。目前纤维素酶生产厂商通过改进生产技术来降低纤维素酶生产成本，包括采用性价比更高的生物工艺技术、更廉价的基质等。以农作物秸秆和林业废弃物等纤维素原料，利用纤维素酶技术生产燃料乙醇的技术已从实验室阶段、工程示范阶段，逐渐朝商业化阶段发展。通过对底物、产酶微生物及发酵工艺等技术的持续研发，将进一步降低成本，最终实现更高的生产效率、质量和更大的商业化规模。

（三）秸秆原料的酒精发酵处理

从葡萄糖转化成乙醇的生化过程非常简单，通过传统的酒精酵母，使反应在30℃条件下进行。但半纤维素是构成农作物秸秆的主要成分，其水解产物为以木糖为主的五碳糖，还有相当量的阿拉伯糖即可（占五碳糖的10%～20%），但传统的酿酒酵母不能将木糖等戊糖转化为乙醇，故五碳糖的发酵效率是决定过程经济性的重要因素。木糖的存在对纤维素酶水解起抑制作用，将木糖及时转化为乙醇对农作物秸秆的高效率乙醇发酵是非常重要的。目前人们研究最多且最有工业应用前景的木糖发酵产乙醇的微生物有三种酵母菌种，即管囊酵母、树干毕赤酵母和休哈塔假丝酵母。主要的发酵方法有以下几种。

1. 直接发酵法

直接发酵法的特点是由纤维分解细菌直接发酵纤维素生产乙醇，不需要经过酸水解或酶水解等前处理过程。该方法一般利用混合菌直接发酵，如热解纤维素梭菌可以分解纤维素，但乙醇产率较低（50%）。热硫化氢梭菌不能利用纤维素，但乙醇产率相当高，进行混合发酵时产率可达70%。

2. 间接发酵法

间接发酵法的特点是先用纤维素酶水解纤维素，酶解后的糖液作为发酵碳源。由于乙醇产量受到末端产物抑制、低浓度细胞以及基质抑制等因素限制，为克服乙醇产物的抑制，可采取的方法有减压发酵法和“Biotile”法。筛选在高糖浓度下存活并能利用高糖的微生物突变菌株，也可以克服基质抑制。

3. 同步糖化发酵法

为了降低乙醇的生产成本，在20世纪70年代开发了同步糖化发酵工艺（SSF），即把经预处理的生物质、纤维素酶和发酵用微生物加入一个发酵罐内，使酶水解和发酵在同一装置内完成。实际上SSF流程也可用几个发酵罐串联生产。目前，它已经成为最有前途的生物质制取乙醇的工艺（图4-21）。

SSF不但简化了生产装置，而且因发酵罐内的纤维素水解速度远低于葡萄糖消耗速度，使溶液中葡萄糖和纤维二糖（水解中间产物）的浓度很低，消除了它们作为水解产物对酶水解的抑制作用，亦可相应减少酶的用量。此外，低的葡萄糖浓度也减少了杂菌的感染机会。

在SSF工艺中，存在的主要问题是水解和发酵所需的最佳温度不能匹配。

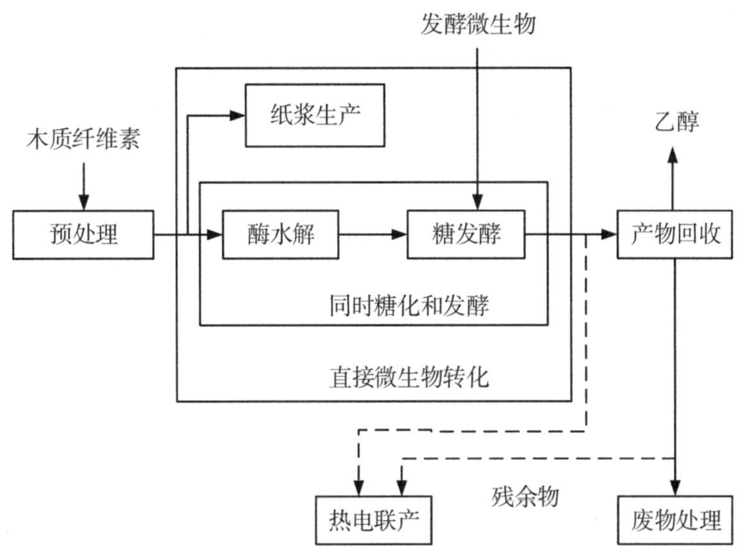

图 4-21 纤维素同步糖化和发酵工艺（SSF）

酶水解的最佳温度为 45～50℃，而最佳的发酵温度为 28～35℃。所以 SSF 实际上在 35～38℃下工作，使酶的活性和发酵的效率都不能最大。有人致力于耐热酵母或耐热细菌的分离和培养，但试验表明耐热微生物对乙醇的忍受力较差，而且生产效率低。也有人从其他角度进行研究，如改变酶配比和增加预处理强度使原料易水解等，但未能完全解决上述问题。

在一般的 SSF 工艺中，预处理所产生的富含五碳糖的溶液是单独发酵的。随着既能发酵葡萄糖也能发酵木糖微生物的出现，NREL 进行了同步糖化发酵工艺（SSCF）的研究，发酵使用的微生物是转基因 Z. mobilis，把葡萄糖和木糖的发酵放在一起进行。该工艺在间歇试验中已经取得成功，可进一步降低生产成本。

4. 固定化细胞发酵法

固定化细胞发酵法能使发酵罐内细胞浓度提高，细胞可连续使用，使最终发酵液乙醇浓度得以提高。常用的载体有明胶、海藻酸钠、卡拉胶、多孔玻璃等。固定化细胞发酵的新动向是混合固定细胞发酵，如酵母与纤维二糖酶一起固定化，将纤维二糖转化成乙醇，此法被认为是秸秆生产乙醇的重要方法。

四、注意事项

综合考虑原材料收购、运输等各种因素，秸秆乙醇合乎我国国情的原料收集半径约为 15km，其范围内适宜建设的秸秆乙醇生产规模约为 1 万 t/a，发展秸秆

乙醇项目的模式为分散多点布局。

五、适宜区域

适用于该技术的秸秆主要有玉米秸、麦秸、稻秆、高粱秆等。另外，需根据我国各类秸秆分别情况及特色，选择合适的加工工艺。

第六节 秸秆热解气化技术

一、技术内容及特点

（一）技术内容

秸秆热解气化技术是将农作物秸秆放入气化炉后被干燥（干燥层），随温度升高析出挥发物，在高温下热解（热解层）；热解后的气体和炭在气化炉的氧化层与气化介质发生氧化反应并燃烧；较高分子量的有机碳氢化合物的分子链断裂，在还原层发生还原反应最终生成了较低分子量的 CO、H_2、CH_4、C_nH_m 等混合气体（图 4-22）。

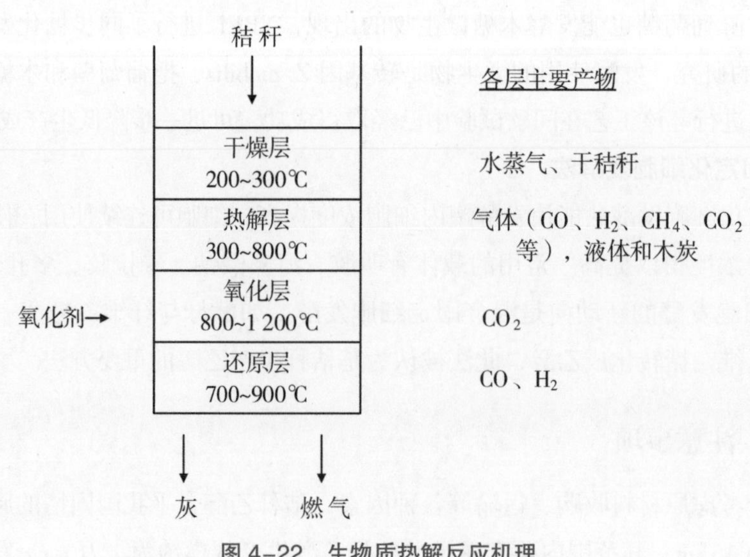

图 4-22　生物质热解反应机理

（二）技术特点

秸秆可以在比较低的温度下被迅速地转换为气体燃料，因此可使气化过程简化，气化设备减小。同时，在我国农村现有的能源结构（液化气、沼气、太阳能、电、原煤、蜂窝煤、植物燃料）中，秸秆气以其容易取得原料、操作方便等优势，完全可以取代传统柴灶，替代液化气和电能作为农村能源。

1. 挥发组分高

在比较低的温度（一般在350℃左右）下就能迅速地释放出大约80%的挥发组分，剩余20%左右的固体残留物。而煤却要在比较高的温度（600℃以上）下才能释放出30%～40%的挥发物，剩余60%～70%的同体残留物。

2. 炭的活性高

在800℃、2MPa及在水蒸气存在下，秸秆炭的气化反应迅速，经7min后，有80%的炭被气化，剩余20%固体残留物，而在相同的条件下，泥炭与煤炭仅有20%和5%被气化。

3. 灰分低

多数秸秆燃料（除稻壳以外）的灰分含量都在2%以下，这就使除灰过程简化。

4. 硫含量低

秸秆是一种很好的清洁可再生能源，每2t秸秆的热值就相当于1t标准煤，而且其平均含硫量只有0.38%，远小于煤的平均含硫量（约1%）。秸秆原料的使用不会像煤炭那样产生大量的二氧化硫，从而造成酸雨一类的环境问题。由于硫含量低，大大地降低了气体净化过程的投资，如果在气化过程中使用催化剂，也不会发生因使用催化剂而造成中毒的问题。

二、机具配套

（一）气化炉

气化炉是秸秆气化反应的主要设备。按气化炉的运行方式不同，可以分为固定床、流化床和旋转床三种类型。国内目前秸秆气化过程所采用的气化炉主要为固定床气化炉和流化床气化炉。

1. 固定床气化炉

固定床气化炉是一种传统的气化反应炉，其运行温度大约为1 000℃。固定床气化炉可以分为上吸式和下吸式气化炉。

上吸式气化炉中，秸秆原料由炉顶加入，气化剂由炉底部进气口加入，气体流动的方向与燃料运动的方向相反，向下流动的秸秆原料被向上流动的热气体烘干、裂解、气化。其主要优点是产出气在经过裂解层和干燥层时，将其携带的热量传递给物料，用于物料的裂解和干燥，同时降低自身的温度，使炉子的热效率提高，产出气体含灰量少（图 4-23）。

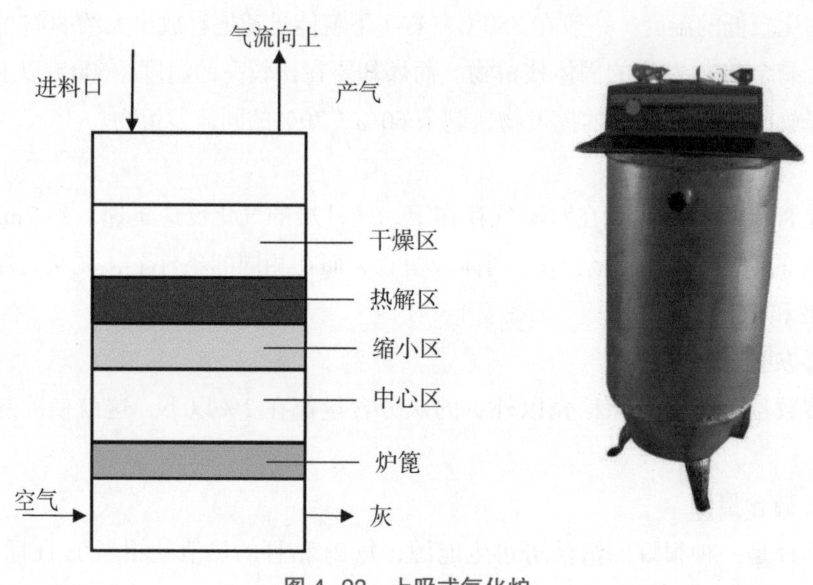

图 4-23　上吸式气化炉

下吸式气化炉的生物质原料由炉顶的加料口投入炉内，气化剂（空气、氧气）可以由顶部进入，也可以在喉部加入。气化剂与物料混合向下流动、在高温喉管区发生气化反应。相对于上吸式气化强度高，工作稳定性好，可随时加料。由于燃烧区在热解区与还原区之间，下饱和热解的产物都要经过燃烧区。在高温下裂解 H_2 和 CO，使得气化中焦油含量大为减少。但是燃气中灰尘较多，出炉温度较高（图 4-24）。

2. 流化床气化炉

流化床燃烧技术是一种先进的燃烧技术。流化床气化炉的温度一般在 750~800℃。这种气化炉适用于气化水分含量大、热值低、着火困难的生物质物料，但是原料要求相当小的粒度，可大规模、高效的利用生物质能。按照气固流动特性不同，流化床气化炉分为鼓泡床气化炉、循环流化床气化炉、双流化床气

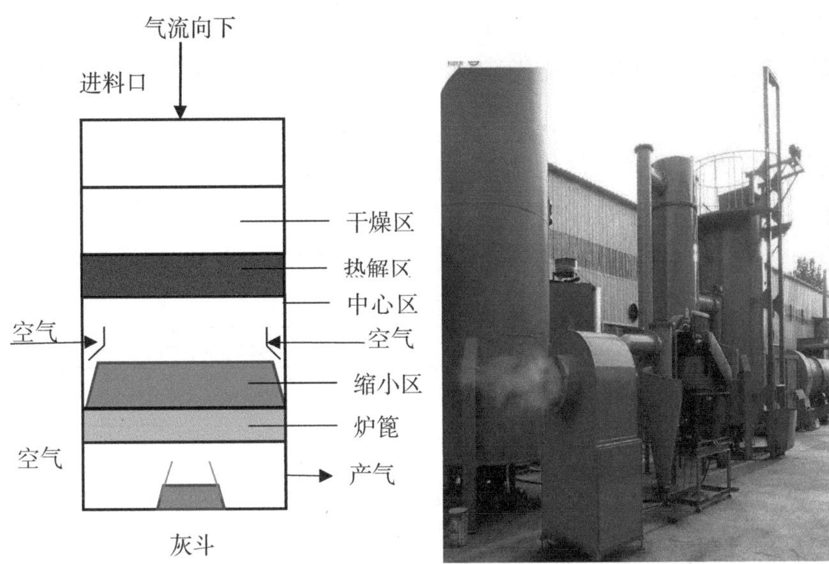

图 4-24　下吸式气化炉

化炉和携带床气化炉。

3. 流化床气化炉

鼓泡床中气流速度相对较低，几乎没有固体颗粒从中逸出。循环流化床气化炉中流化速度相对较高，从床中带出的颗粒通过旋风分离器收集后，重新送入炉内进行气化反应。双流化床与循环流化床相似，不同的是第Ⅰ级反应器的流化介质在第Ⅱ级反应器中加热。在第Ⅰ级反应器中进行裂解反应，第Ⅱ级反应器中进行气化反应。双流化床气化炉炭转化率较高。携带床气化炉是流化床气化炉的一种特例，其运行温度高达 1 100~1 300℃，产出气体中焦油成分和冷凝物含量很低，炭转化率可以达到 100%。

（二）秸秆气化集中供气生产设备

秸秆气化集中供气工程是将干秸秆粉碎后作为原料，经过气化设备（气化炉）热解、氧化和还原反应转化成可燃气体，经净化、除尘、冷却、贮存加压，再通过输配系统送往用户，用作燃料或生产动力。工程一般以自然村为单元，供气规模从数十户至数百户不等，供气半径在 1km 以内。

秸秆原料经粉碎等预处理后，由上料机送入气化炉中，在气化设备中经过热解、氧化和还原反应转化成可燃气体，产生的粗燃气经净化系统去除其中的焦油、灰分、碳颗粒和水分等杂质并冷却；经净化的秸秆燃气通过燃气风机加压贮存至贮气柜，再通过燃气输配管网送往用户，用作炊事燃料或供暖。目前，我国已经基本形成了包括秸秆气化机组、燃气净化系统、供气管网的设施和施工以及户用燃气灶具等在内的较为完整的配套技术。系统由 5 部分组成：秸秆预处理系统、燃气发生系统、燃气净化系统、燃气输配系统和用户燃气燃烧系统。秸秆热解气化集中供气工程一般以自然村为单元，供气规模从数十户至数百户不等，农村居民用上管道煤气，秸秆热解气化集中供气系统工艺流程见图 4-25。

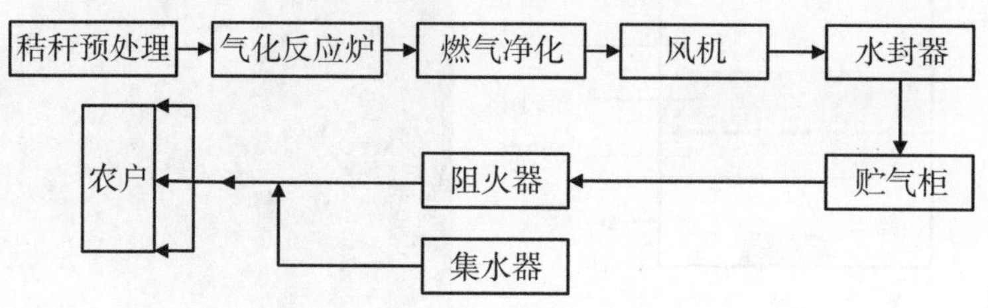

图 4-25　秸秆热解气化集中供气系统流程

1. 供气系统燃气生产设备

供气系统燃气生产设备即秸秆气化机组，是整个秸秆热解气化集中供气系统的核心。设备主要有气化炉、燃气净化设备、鼓风机、防爆水封器等。气化炉是秸秆气化机组的核心设备，目前以村为单位的秸秆热解气化集中供气工程多采用固定床气化炉。气化炉的选用依据用气规模来确定，如果供气户数较少，选用固定床气化炉；如果供气户数多，则使用流化床气化炉更好。净化设备主要包括除尘器、喷淋器、除湿器、过滤器等，其主要作用是去除气化气中的焦油和颗粒杂质以及水分。防爆水封器是为了防止燃气输送过程当中带入火星造成燃气爆燃现象而设置的安全装置，是保证和提高生产安全性的重要措施。

2. 供气系统燃气输送设备

秸秆气化机组产生的燃气在常温下不能液化，需通过输配系统送至用户。输配系统设备包括贮气柜、输气管网和必要的管路附属设备，如阻火器、集水器等。

（1）贮气柜。贮气柜的作用是贮存一定容量的秸秆燃气，以平衡系统燃气负荷的波动，调整炊事高峰时用气，并保持恒定压力，保证用户燃气灶正常燃烧。生物质气化集中供气系统中常用的贮气柜有低压湿式贮气柜、低压干式贮气柜和压力式贮气柜。

（2）输气管。以自然村为单元的秸秆热解气化集中供气系统的管网由干管、支管、用户引人管以及分布在各个管路当中的凝水缸和阀门组成。干支管一般采用浅层直埋的方式铺设在地下，贮气柜的燃气通过干支管网向用户输送燃气。管道的材质有钢、铸铁和塑料等。秸秆气中会有焦油、酚等有机物，供气管网不能采用 PVC 管（图 4-26，图 4-27）。

图 4-26　湿式储气柜

图 4-27　干式生物质自动浮降储气柜

3. 供气系统燃气使用设备

用户燃气系统包括室内燃气管道、阀门、燃气计量表和燃气灶。用户打开燃气用具的阀门，就可以方便地使用燃气。需要注意的是，因燃气特性不同，秸秆燃气的使用需用专用灶具，需要准确计算灶具上燃气喷口的直径及配风板的尺寸，使秸秆燃气与空气合理匹配，满足各项炊事对热负荷的要求。

三、工艺流程

秸秆气化的方式分为 4 种，分别是常压气化、加压气化、间接气化、水热气化。不同条件下的气化要求各有不同。

（一）常压气化

常压气化是在 0.1～0.12 MPa 环境中进行，与加压气化相对，由于直接气化要保持温度在 800℃以上，气化剂必须采用空气或者氧气，并根据不同目的混入水蒸气。为了维持反应温度，一般情况下，供给完全燃烧所必需的氧气量 1/ 3，通过不完全燃烧达到气化的目的。

生成的气化气体的发热量取决于可燃气的含有比例，根据其高位发热量，可

分为低热量气体、中热量气体、高热量气体。在以空气为气化剂时，氧气比越高生成气体的发热量越低，但是其单位体积发热量和燃烧性质之间没有必然的关系。在以空气为气化剂时、反应区的温度常常较低，焦油的产生量增加，因此，常以富氧空气或者氧气作为气化剂时要根据不同的目的相应的通入水蒸气。

（二）加压气化

加压气化与常压气化的原理相同，但是其装置的构造、操作、维护等都更加的复杂，硬件技术难度也更大。加压气化得到的气体也并不比常压气化的气体更加优异。但是加压气化的气化炉可以设计小型化；在一些特定的合成中，加压后的反应比未加压时反应温和得多。

加压气化几乎都采用直接气化，从其原理来看，与常压气化没有不同。加压气化的过程中，生物质的 20%～40% 与气化剂中的氧气反应，生成的热量能保持 800℃以上的高温，同时剩余的物质与气化剂反应。

（三）间接气化

间接气化不是用生物质燃烧热作为气化所必需的反应热，而是通过采用外部间接加热的方式，间接气化是与直接气化相对的专业术语，其能够更好地将 CO_2 的产生量控制在最小范围内，增加有效气体的浓度。

以秸秆为原料的热化学间接气化在实际运用中存在较少，但是研究开发较多，具备良好的发展前景。间接气化时采用的气化剂不含氧气，所以间接气化也称为热分解气化和水蒸气改性。

间接气化是在热分解的同时，使高分子烃类与气化剂反应生成 H_2、CO、CH_4 等小分子气体的方法，热分解以及气化剂反应所需的热量通过反应体系外部提供，从外部供给反应的热的方式，包括在 10 min 左右反应管外侧加热，以及采用流动床或循环流花床作为气化炉，将流动材料加热升温等。

气化剂一般为水蒸气，但是也有以 CO_2 作为气化剂。间接气化基本上分为热分解与随后的二次反应，气化反应在 700℃以上可以发生，但从实际的反应速度考虑，800℃以上是必要的。间接气化用有以下特征：① 因为气化剂中不含氧气，所以可以得到 13～20 MJ/m^3 的高热量气体；② 主要成分为 H_2 和 CO，适用于作为生产合成气体的化学原料；③ 可以得到高浓度的 H_2 和 CO；④间接气化使用气化反应体系以外的热源。

（四）水热气化

水热气化是在高温高压的水中分解得到气体的技术。超过临界点温度压力的水和虽然在临界点以下，但是在其值附近的温度压力的水，统称为水热状态下的水。将秸秆等有机物置于水热状态的水中，能够迅速进行热分解和水解直至分解生成气体。根据需要采用镍和碳元素类非均相催化剂，或碳酸钠水溶液等均相催化剂催化反应。生成的气体通过冷却容易与水分离，可以回收得到。

由于高温高压，除了反应迅速之外，因为该水反应性能活泼，将有利于迅速促进纤维素的水解，形成的生成物为均相，木炭的产生被抑制反应产物冷却到室温时，生成气体与水容易分离。此外，水热气化虽然属于热化学转化的一种，但是由于在水中进行反应，具有适用于含水率较高的生物质的优点。通常的流化床或快速热分解，必须进行秸秆的干燥处理，对含水量较高的物质可以采用水热气化以减少费用和时间。

四、注意事项

（一）秸秆气化户用供气注意事项

（1）首先应注意安全，要严格按照使用说明进行操作。厨房内应加一排风扇，以便排出室内有害气体。

（2）燃料越干燥、越细碎越好，不同的燃料使用效果也不尽相同。如发现灶头有烟气说明燃料太大或太湿。

（3）做饭时，如气化炉连续使用时间过长，会发现灶具进气口有白色烟气，说明炉内喷嘴周围缺少燃料，可将炉内燃料向中间搅拌一下或者再加入适当燃料即可。

（4）经常用炉钩子清理喷嘴周围及内部的灰尘，防止喷嘴阻塞。

（二）秸秆气化中供气注意事项

秸秆燃气具有使用方便、清洁、热效率高等优点，它的推广使用会改善农民的生活方式，但燃气又具有易燃、易爆、易中毒的特性，如果操作不当也有造成财产甚至生命损失的危险。在秸秆气化集中供气系统和户用秸秆气化炉的设计、建设、运行和燃气使用的各个环节，安全运行始终是重中之重。

1. 气化站的安全运行

（1）贮料场的防火。贮料场要完全杜绝火源，不允许非工作人员进入、不允许在场内吸烟，也不得在场内设置易引起火灾的设备与建筑物，不得同时存放易燃易爆物品。贮料场内原料应分别堆垛存放，各垛之间留有消防通道。若没有天然水源，应在贮料场设置消防水池或其他水源。还应设置小型干粉灭火器和沙土、铁锹等容易消防器材。

（2）气化机组的安全操作。气化站投入运行前应按规程对气化设备和管道进行全面检查和气密性试验所有设备、管道连接处、密封门、放液口应保持良好的密封性。气化站设备运行时，还应经常检查整个系统的密封情况，发现异常情况应立即停止运行。设备运行时严禁打开各密封门及放液口，不允许在站房内进行其他明火作业。开机、检修要保证两人同时在场，发现不安全因素，及时给予援助。生产期间，应打开通风窗和天窗，以保持车间内通风良好。对机组、气柜、输气管道等设施要进行定期巡回检查，一旦发现燃气泄漏，应立即采取相关措施加以处理，无关人员不能接近现场。

（3）贮气柜的安全操作。贮气柜投入运行前应进行全面检查和气密性试验。贮气柜投运时，应结合气化器的烘炉操作，先用燃烧废气将空气排出，彻底吹扫置换，以避免可燃气和空气混合引起燃烧、爆炸。贮气柜检修之前必须先将气柜内的燃气用空气置换干净，才能进行操作或进入气柜，以避免气柜内留有可燃气引起爆炸、中毒事故。

（4）气化站防火。气化站区域内不得设置与机组运行无关的易引起火灾的设备与建筑物，不得存放与机组运行无关的易燃易爆物品。站内秸秆必须堆放在储料仓库内并堆放整齐。站内必须严禁烟火，要有醒目的防火、防毒标志。消防设施应保持完好，消防水源充足，并有专人负责。气化站操作、管理人员应事先经过培训，熟练掌握操作技能和管理知识，应熟悉防火、灭火知识，并能熟练操作消防设施。操作人员应严格按照操作规程进行操作，不能违章作业。非工作人员未经允许不得入内。

2. 燃气输配管网的安全运行

燃气输配管网的安全问题主要是防止燃气的泄漏。① 管网的气密性试验。管网安装完毕，覆土前应进行气密性试验，试验管段为贮气柜出门至用户阀前。② 管网的安全运行和通气、检修时的吹扫。供气管道及附属设施应在地面以上设明显标志，不准在燃气管道上方随意施工、挖掘及通过重型车辆。定期巡回检查，发现泄漏应及时处理。要检查各阀门、集水器的工作状况。新系统通气时和需要对管道进行检修时，必须对管路进行彻底吹扫。

3. 燃气的安全使用

燃气的安全使用关系到千家万户，因此教育用户掌握安全用气知识，正确使用燃气用具是重要的安全措施。正常操作时应点火后开气，火焰发生变化或脱火、回火时用调风板调节燃气和空气的比例。用户使用中应经常检查燃气管道、阀门、连接管等处，发现有损坏或泄漏应及时检修更换。秸秆燃气中有较强烈的煤焦味，一旦发现设备漏气，应立即关闭阀门，打开门窗，退出现场，报告专门管理人员。在确认无危险的前提下，方可进行检修。

五、适宜区域

秸秆气化技术适用于秸秆资源丰富地区，集中供气系统适用于以自然村为单元，为村民提供炊事用能。考虑到运行成本高，通常要求村经济情况较好，能够承担长期无盈利运行。

第五章

秸秆工业原料化利用技术

第一节　秸秆人造板材生产技术

一、技术内容及特点

我国是一个木材短缺的国家，长期以来我国使用黏土砖作为建筑的主要材料，能源和土地消耗大。秸秆具有再生性，是高效、长远和稳定的工业原料来源，既可以部分代替砖、木材等材料，还可有效保护耕地和森林资源；秸秆墙板具有良好的保温性、装饰性和耐久性，许多发达国家已把农作物秸秆人造板当作木质板材和墙体建筑材料的替代品，广泛应用于建筑行业之中。

秸秆人造板是以麦秸、稻草、豆秸，棉秆、烟秆、亚麻屑等一年生植物纤维为原料，采用先进工艺技术和设备生产的一种新型人造板材。它以农业废弃物为原料，资源丰富；同时材料来源广泛，价廉易得，产品成本低，经济效益高。秸秆人造板对于缓解我国木材供需矛盾，保护森林资源，维护生态环境意义深远，有国家政策扶持，而且资源采集地的农民每亩可增加百元的收入。由于上述优点，秸秆人造板受到人们越来越广泛的关注。

目前，秸秆为原料生产的人造板主要有以下几种。

（一）秸秆碎料板

以麦秸秆或稻秸为原料，采用类似木质刨花板生产工艺制造的碎料板，其性能达到木质刨花板标准的要求。秸秆碎料板生产有如下特点：① 原料形状为碎料状，主要通过粉碎机加工而成；② 采用的是异氰酸醋胶黏剂。

（二）秸秆中高密度纤维板

以麦秸或稻秸为原料，采用热磨的方法将秸秆原料分离成纤维，施加脉醛树脂胶压制成的一种产品，其性能可以达到木制中密度纤维板标准的要求。秸秆纤维板生产有如下特点：①原料形态为纤维，通过热磨分离方法制备；②施加脉醛树脂胶，秸秆中高密度纤维板表面质量好，用途广泛，但存在着游离甲醛释放的问题。

（三）秸秆定向板

秸秆定向板以麦秸或稻秸为原料，用专用机械把原料加工成 80~100mm 的秸秆纤维束，施加异氰酸酯胶黏剂，通过定向铺装制成的一种结构板材。

（四）草木复合纤维板

鉴于秸秆纤维板要达到木质中密度纤维板标准的要求，工艺技术难度较大，施胶量也较高。该产品生产具有如下特点：① 分别以 50% 木材原料和 50% 秸秆原料混合使用；② 用热磨方法分别将原料分离成纤维；③ 施加脉醛树脂胶；④ 对分离草纤维的热磨机要进行改造，着重改造物料水平预热系统，调整热磨工艺参数。

（五）秸秆墙体材料

世界上许多国家的科技人员都十分重视发挥秸秆材料中空保温性能好的优点，把秸秆做成各种各样的建筑材料，目前有 4 种形式。

（1）秸秆模压墙体材料。将秸秆原料加工成碎料，混加在水泥、塑料和其他添加剂中，模压成建筑墙体单元，使用时组合成各种墙体，目前已经在市场上大幅推广。

（2）挤压秸秆墙体材料。又叫施强板，原为英国技术。20 世纪，我国从国外引进了几条生产线。其中有两条安装在辽宁省，后来上海板机厂生产了这种墙体材料的整套设备，并在上海郊区建立了一个示范工厂，还建成了一座别墅示范房。但该产品在我国一直未能推广。

（3）平压法轻质保温内衬材料。这是南京林业大学开发的新技术，并获得了发明专利。该产品先是把秸秆加工成 60~80mm 原料单元，施加异氰酸醋胶黏剂，再铺装成板坯，压成密度为 250~300kg/ m³ 的轻质内衬保温材料，做成墙体时，在内衬材料两面覆水泥板或木质定向结构板。

（4）定向结构板组合墙体。定向结构板作为墙体两侧面材料，做成空芯框架，内部填人秸秆纤维束，这是美国的一种墙体技术。

除了秸秆墙体材料外，南京林业大学还开展了秸秆瓦的开发研究，该产品特

征是：以秸秆为原料，加工成秆状单元，施加异氰酸醋胶黏剂，制成低密度的轻质内衬材料，再用木质板、金属、陶瓷和塑料等多种材料覆贴于其两侧，制成秸秆瓦，该产品的研究已列入江苏省农业入工程项目。

（六）秸秆包装材料

以秸秆为原料，将其加工成秆状单元，施加异氰酸醋或酚醛树脂后铺装成型，热压成厚度为100mm的大幅面板材，再裁锯成宽度为100mm的板条，也可以将板条再分割成长度为100mm的板块，成为包装箱底层垫块。除了用平压的方式外，还可以把秸秆加工成碎料或纤维，再加压挤压成垫块。这种包装材料在我国已有生产。

（七）秸秆纤维与塑料复合材料

目前人造板工业与其他行业一样，在努力实现循环经济，用废木材废塑料为原料生产木塑复合材料就是其中一例。以秸秆纤维为基本原料，代替木材原料与废塑料混合，再用挤塑机可加工成各种用途的产品，这种产品即是秸秆纤维与塑料复合材料。此外，把稻壳细末混加在塑料中做成的复合材料，在市场上也找到了自己的位置。

二、机具配套

以秸秆为原料生产出来的人造板与传统木质工艺生产出来的人造板相比，在原料贮存、粉碎加工、拌胶方式等方面都有区别。在选择秸秆人造板生产代替传统木材时，要重视秸秆人造板生产工艺特点，研发适合生产秸秆人造板的机械，不能简单地利用木质人造板机械进行改良（图 5–1）。

图 5–1　秸秆板材制造成套设备

三、工艺流程

秸秆为原料生产人造板，主要包括原料收集、单元制备、原料干燥、分选、单元施胶、板坯铺装、板坯预压、热压和后期处理等工段。

秸秆人造板生产路线如表 5-1 所示，按照工艺过程和工艺阶段，可将整个路线划分为“一线九区”和若干个节点：“一线”即秸秆人造板生产线，“九区”单元制备区、原料干燥区、原料分选区、施胶区、铺装区、预压区、热压区、处理区、提高成品质量区。

表 5-1　秸秆人造板工艺路线及设备选择

序　号	工艺阶段名称	主要设备
1	原料储备和 单元制备阶段	秸秆打包机 秸秆拆包机 削片机 刨片机 再碎机 料仓 机械式筛选机
2	原料单元干燥阶段	单通道滚筒式干燥剂 转子式刨花干燥机 转筒式筛分机
3	单元分选阶段	机械式几何尺寸筛选系统 （分选长度和宽度） 气液式分选机（分选厚度）
4	施胶阶段	调胶系统 施胶系统 （快速离心拌胶机、滚筒式拌胶机、垂直式拌胶机等）
5	铺装阶段	板坯铺装系统 板坯传送系统 四头三层铺装系统 四头两层 / 渐变层铺装系统
6	预压阶段	板坯切割系统 平压式周期预压 平压式连续预压 板坯输送系统

（续表）

序　号	工艺阶段名称	主要设备
7	热压阶段	板坯运动状通过压机系统 热压三要素设置与控制系统 成品出板系统 尺寸分割系统
8	后期处理阶段	成板砂光系统 尺寸稳定处理系统 增强处理系统
9	提高成品质量，改善成品用途阶段	功能改进处理系统 表明装饰处理系统等

四、注意事项

（一）生产规模

人们往往认为生产规模越大，生产成本就越低，经济效益就越好，其实这是一个误区。秸秆人造板所用的原料是农业废弃物，价格低廉且体积蓬松，这就需要考虑合理的资源采集半径及运输、贮存等问题。过多的贮存这些物料还会使物料因虫蛀，发霉变质而不能使用，甚至引起火灾。一般认为，比较合理的经济生产规模应该是年产 5 000～15 000 m^3。

（二）胶黏剂

以木材为原料的人造板所用的胶黏剂通常是脲醛树脂胶，这种胶黏剂制造简单，价格低廉，但缺点是游离甲醛污染问题。秸秆人造板用脲醛树脂胶作为胶黏剂效果并不理想，通常需要增加施胶量才能使板材的物理力学性能达到要求。而这样一来，板材的容重增加了，成本提高了，同时甲醛挥发量也增加了。

而异氰酸树脂胶的应用使上述问题得到了解决，异氰酸树脂胶每吨价格虽然高于脲醛树脂胶很多，但施胶量却是后者的几分之一，所以胶的成本提高是有限的。同时，异氰酸树脂胶黏合力强、不含甲醛、无毒性，可使板材质轻高强无污染，成为理想的绿色板材。

（三）热压成型后粘板问题

异氰酸树脂胶黏结力大，强度高，但同时也带来板坯热压后与压板粘连的问题。目前的解决办法通常是铺装时在板坯上下表面铺撒一层不施胶的粉状物料，使施胶的板坯在热压时与压板隔离，达到不粘板的效果。

（四）秸秆表面二氧化硅膜的处理

麦秸、稻草这类秸秆材料表面有一层二氧化硅膜，它严重影响黏结的效果，必须加以解决。要想完全去除这层二氧化硅膜，在技术上是不容易实现的。解决的办法是采用揉搓或锤击的方式，使二氧化硅膜得到有效的破坏。锤击的方式目前已大量采用，实践证明是可行的。若根据不同种类物料的特性，使用有针对性的锤头，则效果更佳。

（五）麻纤维的分离

亚麻屑、豆秸、棉秆等秸秆材料分别含有比例不等的麻纤维，麻纤维易结团，气力输送时常缠绕在风机叶轮上，拌胶时缠绕在搅拌头上，铺装时缠绕在计量辊上。其在后续的工序中不断碰撞结团，且越结越大，必须将结团的纤维及时清除才能正常生产. 由于纤维尺寸的不确定性，无论机械或气流的方法，一次或二次很难将其从中分离。这就从生产工艺上要求设置多道分离设备才能保证连续生产的需要。目前，可以采用脱麻机进行长纤维的分离，采用短纤维分离设备进行短纤维分离，干燥和气力输送时采取措施再行分离，通过对铺装机改进设计进行最后的纤维分离。通过多次的逐渐分离，使各工序生产正常进行，从而保证产品质量。

五、适宜区域

全国秸秆资源丰富的地方都可应用该技术。

第二节　秸秆清洁制浆技术

、技术内容及特点

制浆过程就是将纤维从原料中软化、分离、提取并予以漂白（非必要环节）的过程，在这些过程中，凡是能使污染物减少的途径都可以称为清洁制浆。清洁制浆可以是针对这些过程中某一环节，也可以是这些过程的全部环节。

我国造纸原料极其紧缺，木材、木浆、商品浆、废纸等造纸原料大量依赖进口，严重影响到造纸工业的安全性。而我国秸秆资源非常丰富，用于制浆造纸可极大缓解我国造纸原料紧缺的局面，同时利用秸秆制浆具有成纸匀度好、平滑度好、吸墨性好、易蒸煮、易施胶等优点。但是使用秸秆原料制浆浆料得率低、成纸强度差、滤水性差、不透明度低、有勤着性、颜色深，对碱回收不利。同时，传统秸秆制浆造纸技术的能耗高、污染重，被国家和多地明令禁止，致使两者形成相当尖锐的矛盾。

针对秸秆传统化学法制浆过程中的污染严重难题，近年来国内制浆造纸界和造纸环保界通过自主研发，在秸秆清洁制浆技术方面取得了突破性进展，并在很多地方实现了一定规模的工业化生产，为农村秸秆的资源化利用打开了有利局面。秸秆清洁制浆技术包括：膨化制浆技术、氧化法清洁制浆技术、DMC 制浆技术、生物制浆技术。

（一）膨化制浆技术

膨化制浆技术是从爆破制浆技术基础上演化而来的，该技术属于物理法制浆，采用高压高温蒸汽，对麦秆、棉秆等造纸原料进行蒸煮，污染负荷相近呈中性，该技术在生产过程中不需要添加任何化工原料，属无化学环保制浆。但是爆破制浆过程中蒸汽压力较大，很容易让浆料出现高温碳化和木素的缩合，使制浆麦草的纤维受到很大的破坏。这样生产出来的纸品颜色发黑、拉力发脆，直接导致高强瓦楞纸达不到质量要求。

（二）氧化法清洁制浆技术

氧化法清洁制浆是用含氧或有氧化机制的化学品来完成制浆的技术方法，如用碱性过氧化氢、氧气加碱性过氧化氢以及利用特殊技术手段产生含氧自由基作为制浆药剂等方法都属于氧化法制浆技术范围。羟基自由基的强氧化性使得其分离漂白效果很好，但对纤维的破坏力也强。目前，多选用氧碱、氧碱过氧化氢来进行制浆，以避免上述问题的发生。由于氧化法制浆过程中污染物产生少、排放少，因此成为很多浆纸企业和研发单位的研究重点。

（三）DMC 制浆技术

DMC 技术将麦草、稻草、玉米秸、竹子、芦苇等原料切短，在常温常压下加入 DMC 催化剂，经过渗透软化、分解纤维素，再经疏解、磨浆、漂白、脱水成浆。每道工序的水均分段回收，将各段废水分别利用高效率的絮凝剂和金属膜过滤器处理，生产用水逐级处理，循环回用，只需要适量补充生产水。

DMC 制浆技术的核心就在于 DMC 催化剂和 DMC 絮凝剂。DMC 催化剂是用常规药品配制的（主要为有机物和无机盐），对人体和皮肤及金属物无腐蚀作用，在低浓度、大液比下软化纤维素和半纤维素，改性木质素，分离出胶体和灰分，通过机械处理即可获得达标纸浆，纸浆分离后去除水中胶体杂质，含 DMC 催化剂的水继续回用，适量补水。DMC 絮凝剂由果胶和淀粉配制而成，将水溶性粗纤维、灰分、色素、胶质等有机氧化物动态絮凝，从而分离去除。

（四）生物制浆技术

生物制浆是在制浆过程如中纤维素软化、脱胶、分离、提取、漂白等环节用生物作用来替代传统的化学药品，从而使得生产过程的污染物产生量减少，产生的废水可生化性好、易处理回用，使废水外排量极少，达到低污染制浆的目的。

目前用于生物制浆的主要有白腐菌和褐腐菌，它们通过分泌漆酶、木素过氧化物酶、锰过氧化物酶、纤维素酶和半纤维素酶等降解植物的生物质。白腐真菌能在木素细胞腔内产生胞外酶，这种酶具有很强的酶促降解木素大分子的能力。用于生物漂白的真菌基本上是白腐菌和褐腐菌，其所产生的酶如木聚糖酶、聚甘露糖酶、木素酶等对生物漂白能起到一定的辅助作用。

二、机具配套

图 5-2、图 5-30 和图 5-4 所示分丝机具有挤浆、磨浆、加热、搅拌、注氧降解、洗涤等各种功能，可应用于稻麦草、玉米秸秆等原料的直接粗制浆，可将材料处理成丝绒装纤维，配合高浓度磨浆机或者粗浆机可制成吸墨性强、不透明度高、柔软平滑的纸浆。

图 5-2　高效双螺旋秸秆分丝机

图 5-3　双磨盘浆机

图 5-4　秸秆清洁制浆成套设备

三、工艺流程

从某种意义上说制浆的过程就是处理木质素和剥离纤维的过程。生物制浆是利用微生物所具有的分解木素的能力，来除去制浆原料中的木素，使植物组织与纤维彼此分离成纸浆的过程。生物制浆包括生物化学制浆和生物机械制浆。

因为木素是存在于细胞间层间最主要的物质，它使细胞互相黏合而固结，无论是化学制浆还是机械制浆，其主要目的都是破解制浆原料中木质素的黏合力。生物化学法制浆是将生物催解剂与其他助剂配成一定比例的水溶液后，其中的酶开始产生活性，将秸秆、麦草等草类纤维用此溶液浸泡后，溶液中的活性成分会很快渗透到纤维内部，对木素、果胶等非纤维成分进行降解，将纤维分离。

干蒸法制浆是将麦草等草类纤维浸泡后沥干，用蒸汽升温干蒸，促进生物催解剂的活性，加快催解速度，最终高温杀酶，终止反应。制浆速度快，仅需干蒸 4~6h 即可出浆。其主要技术流程为：浸泡、沥干、装池（球）、生物催解、干蒸、挤压、漂白制浆。

1. 浸泡

干净干燥的稻麦草、玉米秸秆等投入含生物催解剂的溶液中浸泡均匀，约 30min 为宜。

2. 沥干

将浸泡好的麦草捞出后沥干水分，沥出的浸泡液再回用到原浸泡池中。

3. 装池（球）

将沥干后的麦草或稻草装入池或球中压实。

4. 生物催解

在较低的温度下进行生物催解，将木素、果胶等非纤维物质降解，使之成为水溶性的糖类物质，以达到去除木素，保留纤维的目的。

5. 干蒸

生物降解达到一定程度后即可通入蒸汽，温度控制在90～100℃，时间3～5h，杀酶终止降解反应，即可出浆。

6. 挤压

取出蒸好的浆，用盘磨磨细，放入静压池或挤浆机，用清水冲洗后挤干。静压水可直接回浸泡池作补充水，也可絮凝处理后达标排放或回用。

挤压好的浆可直接进行漂白制浆，漂白后浆白度可达80%～90%，可生产各种文化用纸、生活用纸等。未漂浆可直接做包装纸、箱纸板、瓦楞原纸等。

四、注意事项

清洁制浆并不是完全没有污染物的处理技术，只是污染物的产生量与传统制浆技术相比少得多，但还是存在，应予以关注。特别是生物制浆技术的废水，使用了某些改性后的特效菌种，废水和污泥中含有大量的生物群，这些污泥的处理与处置中大量生物群对环境的影响应引起高度重视，确保环境安全性。

五、适宜区域

全国秸秆资源丰富的地方都可应用该技术。

第三节　秸秆木糖醇生产技术

一、技术内容及特点

自然界中存在着大量的木质纤维素如麦糠、谷壳、工业废纸、木屑等生物质资源。这些资源往往被作为农业废弃物处理或者作为农家燃料烧掉，如何有效利用这些废弃物成为近年来研究的热点。木质纤维素的组成和结构非常复杂，包含40%～50%的纤维素、25%～35%的半纤维素和15%～20%的木质素，其中天然半纤维素的水解产物中超过80%是木糖。通过化学方法或生物方法，可以用木糖作为底物来生产多种化合物或能源，其中比较热门的一个产物就是木糖醇。

木糖醇属于多元醇，白色晶体，易溶于水及乙醇中，其甜度高于蔗糖。制取木糖醇时，主要采用含有多缩戊糖的农业植物纤维废料，如玉米芯中含有多缩戊糖 30%～40%，棉籽壳中含有多缩戊糖 25%～30%。生产 1 t 木糖醇需要玉米芯 10～12 t 或棉籽壳 15～18 t。用玉米芯生产木糖醇，可增加玉米芯的经济效益，同时有利于废塑料再生，减少环境污染。

二、机具配套（图 5-5 ~ 图 5-7）

图 5–5　木糖醇澄清超滤分离设备

图 5–6　木糖醇震动流化床干燥机

图 5–7　木糖醇专用摇摆筛

三、工艺流程

目前，木糖醇的生产制备工艺有固液萃取法、化学法、生物转化法 3 种，图 5–8 所示的即为现阶段使用该 3 种方法制备木糖醇的生产工艺。

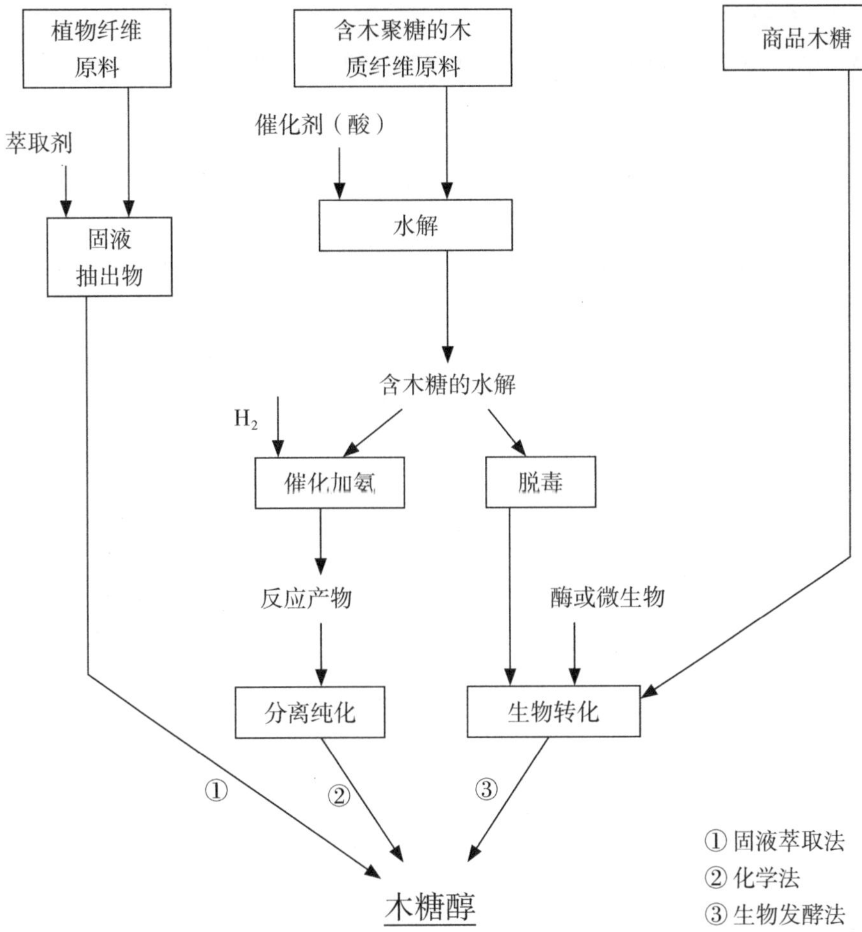

植物纤维原料
含木聚糖的木质纤维原料
商品木糖
萃取剂
催化剂（酸）
固液抽出物
水解
含木糖的水解
H_2
催化加氢
脱毒
反应产物
酶或微生物
分离纯化
生物转化
①
②
③
木糖醇
① 固液萃取法
② 化学法
③ 生物发酵法

图 5-8　木糖醇生产工艺流程

现以玉米芯为例，介绍从中提取木糖醇的具体工艺流程和方法（图 5-9）。

玉米芯
粉　碎
预处理
水　解
过　滤
中　和
过　滤
洗　涤
脱　色
过　滤
蒸　发
木糖浆
树脂
净　化
氢　化
脱　色
浓　缩
结　晶
分　离
成　品
包　装
入　库

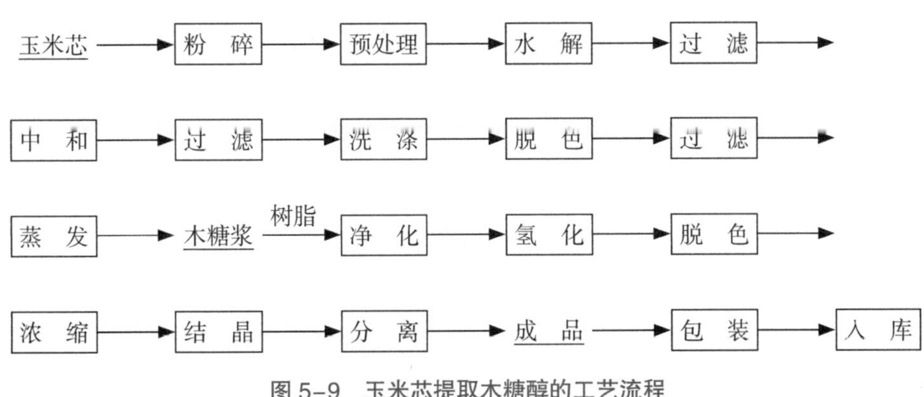

图 5-9　玉米芯提取木糖醇的工艺流程

（一）粉碎

无杂质、无霉变的干玉米芯用清水洗净，然后干燥、粉碎，通过 8 目 /cm^2 筛网。

（二）预处理

将粉状玉米芯投入处理罐内，加入 4～5 倍清水，用蒸汽间接加热至 120℃，保温搅拌 2～2.5h，趁热过滤，再用等量的清水洗涤 4～5 次，可得滤渣。

（三）水解

把滤渣放在水解罐内，加入 3 倍量的 2.0% 硫酸，搅拌均匀，用蒸汽加热至沸，当温度达 100～150℃时，保温搅拌水解 2.5～3h，并趁热过滤，使水解液降温至 75℃。

（四）中和、洗涤

在不断搅拌下，往水解液中加入碳酸钙悬浮液，调节 pH 值为 3.6，保温搅拌 1.5h 后冷却至室温，静置 12～16h，抽滤或离心分离，再用清水洗涤滤渣 2～3 次，合并滤液。

（五）脱色

间接加热滤液，当温度达到 70℃时，加入 5% 活性炭，保温缓慢搅拌 1h，趁热过滤，此时过滤液的透光度应达到 85% 以上，木糖浓度为 70%～75% 以上。

（六）蒸发

把上述过滤液注入蒸发器内，用蒸汽加热蒸发水分，当木糖含量达 85% 以上时停止加热，冷却至室温，过滤可得木糖浆。

（七）净化

已蒸发浓缩的木糖浆先后流经 732 型阳离子交换树脂和阴离子交换树脂（一般阳、阴离子交换树脂比例为 1.5∶1），可得 96% 以上的无色透明流出液，流出液的 pH 值应不呈酸性。

（八）氢化

将上述流出液稀释至木糖含量在 13% 左右的木糖液，然后用碱液将 pH 值调节至 8。用高压泵打入混合器，同时注入氢气，再打进预热器，升温至 90～92℃，已预热的混合液再用高压泵打入反应器，继续升温至 120～125℃，使用氢化催化剂（活性镍）进行氢化反应，所得氢化液流进冷却器降温至室温，再送进高压分离器，可得含木糖醇 13% 左右的氢化液。将氢化液再经常压分离器，进一步除去剩余的氢气，最后可得折光率15%、透光度85%以上的无色或淡黄色透明液。

（九）脱色

将透明液移入夹层脱色罐内，并加热至80℃左右，在不断搅拌下加入5%活性炭，保温40～60min，然后趁热过滤，可得脱色液。

（十）浓缩

把热脱色液移入夹层蒸发器中，用蒸汽加热浓缩，当蒸发液的折光率为60%时停止加热，并趁热过滤，可得含木糖醇50%以上的浓缩液。

（十一）结晶

将浓缩液移入另夹层蒸发器中，继续加热浓缩至折光率85%左右，此时木糖醇含量可达90%以上，然后把浓缩液降温至80℃，移入结晶器内，以每小时降温1℃的速率进行木糖醇结晶，当温度降至40℃时，进行离心分离，分离液返回第二次夹层蒸发器中浓缩，并可得含木糖醇96%以上的白色晶体（成品）。

（十二）贮存

把木糖醇晶体装入防潮、无毒塑料袋中，放在干燥、通风处贮存。

四、注意事项

玉米芯分红、白两种。红色玉米芯会加深木糖醇的色泽，增加脱色炭的消耗，加大成原料，加大成原料。同时搞好原料的保管除杂工作，严防雨淋、霉烂，尽量减少风沙尘土等污染。在投入水解之前，要经过筛分，如能采取水洗处理则更好。

五、适宜区域

全国秸秆资源丰富的地方都可应用该技术。

第六章 秸秆基料化利用

第一节 秸秆栽培草腐菌类技术

一、技术内容及特点

秸秆基料化利用技术主要是利用秸秆生产食用菌，利用农作物秸秆生产食用菌主要是利用秸秆的肥料价值。

植物光合作用的产物一般只有 10% 的有机物被转化为可供人类或动物使用的蛋白质和淀粉，其余皆以粗纤维的形式存在。包括稻草、麦草、玉米芯、玉米秆、甘蔗渣、棉籽壳等在内的农作物秸秆，其主要成分为纤维素、半纤维素和木质素，这些物质不能被人类直接食用，做动物饲料营养价值较低。但是食用菌中至少含有三种类型的纤维素酶，可以将纤维素分解为葡萄糖，也可以合成蛋白质、脂肪和其他物质。

秸秆食用菌生产技术包括秸秆栽培草腐菌类技术和秸秆栽培木腐菌类技术两大类。其中，草腐菌是以禾草茎叶为生长基质的菌类。如双孢蘑菇、双环蘑菇和草菇。麦秸、稻草等禾本科秸秆是栽培草腐菌类的优良原料之一，可以作为草腐菌的碳源，通过搭配牛粪、麦麸、豆饼或米糠等氮源，在适宜的环境条件下，即可栽培出美味可口的双孢蘑菇和草菇等。

二、机具配套

秸秆基料化处理后进行食用菌生产时，可以应用以下几种机械设备，具体见图 6-1~ 图 6-6 所示。

图 6-1 有机肥翻堆机

图 6-1 所示的有机肥翻堆机可用于食用菌种植基质的大批量生产过程中，可以起到翻堆、搅拌、破碎、充氧、调节原料堆温度与湿度的作用。

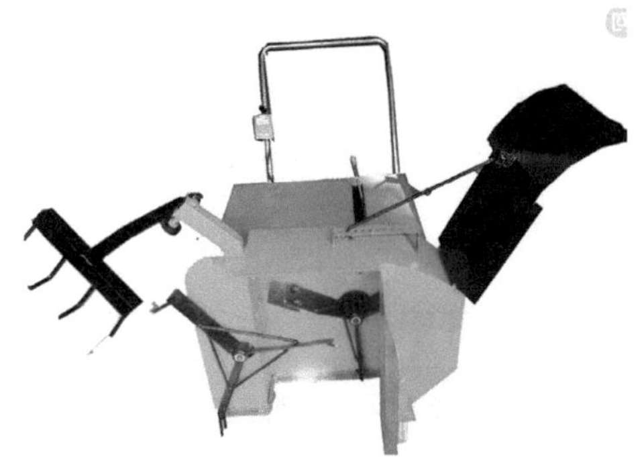

图 6-2 小型食用菌菌料搅拌机

图 6-2 所示的小型搅拌机，适用于一家一户的食用菌菌料的生产。其采用汽油动力结构，用于各种散装食用菌原料的原料翻拌，将各种原料就地分层摊铺，机器通过料耙，把原料送入喂料轮，再经过离心风轮加速抛出出料口，随机带有驱动机构，省力省时、翻拌均匀、功效高。

图 6-3 食用菌灭菌器

图 6-3 所示的机械为 GXMQ 系列蘑菇专用灭菌器，可根据不同的灭菌要求，调节灭菌时间、温度、压力等参数，具有灭菌周期短、节省蒸汽资源、延长瓶筐寿命、灭菌无死角、充分保护培养基有效成分等特点。

图 6-4 所示的食用菌菌棒自动化生产流水线由基质混合机、输送机、储料分配机、自动变频控制袋装主机和电器控制柜等组成。具有生产效率高、袋装质量稳定、使用维修方便等特点，适用于中等规模以上食用菌专业合作社、大中型工厂使用。

图 6-4　食用菌基质槽式混合搅拌机

图 6-5　食用菌菌棒自动化装袋生产线

图 6-5 所示的半自动菌棒装袋机需要一人上料、一人套袋。图 6-6 所示的生产线更适合农户生产使用，每小时可装袋 800～1 000 袋，较大程度上节省了人力和劳动时间，大大减少了污染。

图 6-6　简易半自动化菌棒装袋机

三、工艺流程

（一）双孢蘑菇栽培工艺流程及技术要点（图 6-7）

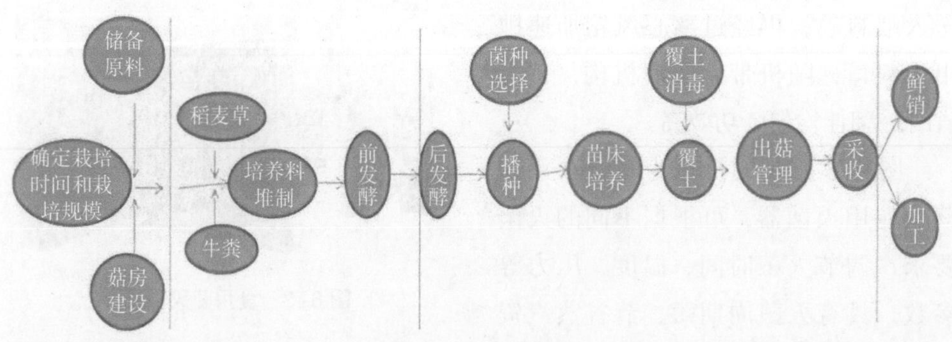

图 6-7　双孢蘑菇发酵料栽培工艺流程

1. 栽培时间的确定

在自然气候条件下栽培双孢蘑菇，季节的选择是关键。双孢蘑菇是中低温性食用菌，发菌最适温度为 22～26℃，蘑菇生长的最适温度为 16～18℃。我国各地的双孢蘑菇播种季节一般都安排在秋季，因为秋季由高到低的气温递变规律与双孢蘑菇对温度的反应规律一致。

2. 菇房建设

不同产区可以因地制宜，采用不同的栽培模式，如床架层式栽培模式、地栽模式。

3. 原料储备与常用配方

各地农副产品下脚料种类不一，可以根据实情改变培养料配方。不论属于何种类型培养料、何种配方，其中的营养成分都必须遵循共同的原则和要求，建堆前培养料中的碳氮比（C/N）应为（30～33）：1，粪草培养料的含氮量以 1.5%～1.7% 为宜，无粪合成料的含氮量以 1.6%～1.8% 为宜。常用配方如下。

（1）粪草培养料配方。

配方 1：干稻麦草 40%，干猪粪、牛粪 55%，干菜籽饼 2%～3%，过磷酸钙 0.5%，石膏 1%～2%，石灰 1%～2%。

配方 2：干稻麦草 45%～50%，干猪粪、牛粪 40%～45%，饼肥 2%～3%，化肥 0.5%～2%，过磷酸钙 1%，石膏 1%～2%，石灰 1%～2%。

（2）无粪合成料配方。

配方 1：干稻草 88%，尿素 1.3%，复合肥 0.7%，菜籽饼 7%，石膏 2%，石灰 1%。

配方 2：干稻草 94%，尿素 1.7%，硫酸铵 0.5%，过磷酸钙 0.5%，石膏 2%，石灰 1.3%。

4. 培养料的预处理

在稻草资源丰富的地区，大多采用前一年储备的晚稻草。由于吸水速度比较慢，堆制时直接浇淋容易流失，也不容易均匀，因此在建堆前一天进行预湿。预湿方法是将稻麦草先碾压或对切，最好切成 30 cm 左右，摊在地面，撒上石灰，反复洒水喷湿，使草料湿透。

对于粪料，国外主要采用马粪或马厩肥。国内，由于蘑菇主产区马粪供应有限，多选用牛粪。无论采用哪种粪便，均必须暴晒足干。在暴晒中需将粪耙碎，便于预湿。鲜粪不宜采用。

5. 前发酵

前发酵也称一次发酵，通常在菇房周围的室外堆肥场中进行。堆肥场要求向阳、避风，地势高，用水方便；有条件最好铺设水泥地面，以免将堆肥场土壤中的杂菌带入料中。如果是泥土地面，建堆肥场时应加入石灰渣后整平压实，防止泥块在堆制和翻堆过程中混入培养料中。无论是水泥地面，还是泥地，堆肥场的料堆堆放地块应铺成龟背形，并在堆场四周开沟，一角建蓄水池，以回收、利用料堆流失水，既可避免雨天料堆底部积水，又可避免培养料养分流失，还能很好的解决堆肥过程中的废水污染问题。建堆前一天，用石灰水或漂白粉等对堆肥场地进行消毒处理，并做好场地周围的环境卫生。

培养料前发酵包括预湿、建堆和翻堆三个主要工艺环节。建堆前一天将稻麦草、干粪进行预湿。建堆时，先铺一层宽 2.3～2.5 m、厚 30 cm 左右的稻麦草料，再铺一层粪肥，这样一层草、一层粪，各铺 10 层左右，堆高 1.5～1.8 m。化肥和饼肥等氮肥辅料必须在建堆时撒入料堆中间，通常在第 3～4 层后分层加入料堆中。堆料过程中，一般从第 3 层开始根据草料干湿度边堆料，边分层浇水，浇水量以建堆完成后，料堆四周有少量水流出为宜，翌日把收集在蓄水池中的肥水回浇到料堆上。料堆顶部覆盖草帘，雨前盖薄膜防止雨水进入料堆导致堆肥过湿，雨后及时揭去，防止料堆缺氧而影响发酵。

建堆后的整个前发酵过程需翻堆 3～4 次。翻堆时要求将料堆的底部及四周的外层料翻入新料堆的中间，将中间发酵良好的料层翻到外层，使整个料堆发酵均匀一致；同时，翻堆时应抖松料块，排出料块中的废气，并使料中氧气得以充分补充，使好气微生物恢复旺盛的活动。

第 1 次翻堆：在正常情况下，建堆 2～3 d 后堆温即可升到 70～75℃，第 4～5 d 堆温不再上升，第 5 d 或第 6 d 进行第 1 次翻堆。第 1 次翻堆的重点是补充水分，翻堆时根据堆料的干湿情况，补足水分，并均匀加入过磷酸钙和石膏粉的 60%，料堆可缩小到宽 1.8 m，高 1.5 m。

第 2 次翻堆：第 1 次翻堆后 3～4 d，即在建堆后第 9 d 或第 10 d 进行第 2 次翻堆，加入余下的 40% 石膏粉，同时根据培养料含水量补充水分。料堆宽 1.8m，高度可降到 1～1.2 m。

第 3 次翻堆：于建堆后第 13 d 左右进行，均匀加入总量 50% 的石灰，根据需要补充调节水分。

第 4 次翻堆：于建堆后第 15 d 左右进行，调节含水量至 65%，即手紧捏料时有 3～4 滴水，并加入适量的石灰，调节 pH 值至 7.5 左右。最后一次翻堆后 1～2 d，培养料即可进房进行后发酵。进房前，应在料堆的表面喷杀虫剂后用塑料薄膜密封 6～8 h 杀灭料堆中的害虫。

前发酵结束后培养料的质量要求：培养料为深褐色，手捏有弹性，不粘手，有少量的放线菌；含水量为 65% 左右，pH 值为 7.2～7.5；有厩肥味，可有微量氨味。

6. 后发酵

后发酵也称二次发酵。当前我国应用床架层式栽培的产区，后发酵通常在菇房内进行分散式后发酵（室内后发酵）。菇房在进料前必须进行严格消毒杀虫。每季栽培结束后，有条件的最好用蒸汽加热升温至 70℃保持 1h 以上进行消毒，然后，及时清除废料，拆除床架，用石灰水清洗干净，并在培养料进房前 5 天，先用漂白粉消毒 1 次，培养料进房前 2 天打开门窗，排出毒气，便于进料。

前发酵结束后，将培养料趁热搬运进经清洁消毒的菇房内的床架上，底下 1～2 层温度低，难以达到后发酵温度要求，不铺放培养料。进料结束后，封闭门窗，让菇房内的培养料自身发热升温，5～6 h 后，当料温不再升高时开始加温，不应采用炉灶干热加温，这样容易导致室内氧气不足，影响有益微生物生长、繁殖，同时也会导致培养料水分损失多，影响培养料发酵质量。另外干热加温易导致菇房内充斥一氧化碳等有毒气体，易发生人煤气中毒，同时由于存在明火，也存在严重的火灾隐患。应采用小型蒸汽炉进行蒸气加温发酵，可有效地解决上述干热加温发酵中存在的问题，不仅能保持良好的发酵状态，同时由于湿热杀菌效果优于干热杀菌，可有效提高后发酵总体质量和安全性。

后发酵期间的料温变化一般分两个工艺阶段：巴士消毒阶段、控温发酵阶段，后发酵开始，逐渐加温 10 h 左右，使料温和气温都达到 58～62℃，维持 6～8 h，进行巴氏消毒，杀灭培养料和菇房床架等中的杂菌和害虫，需注意的是应采取菇房不同部位多点测温的方法，确保菇房各部位均匀达到巴氏消毒温度。然后，通过通风降温，使料温在 48～52℃维持 4～6 d，目的是促使嗜湿细菌、放线菌和嗜温霉菌等高温有益微生物活动，促进养分转化，只是后发酵的主要阶段。控温发酵阶段结束后，停止加温，慢慢降低料内温度，降至 45℃时，开门窗通风降温。后发酵结束后的优质培养料为暗褐色，柔软有弹性、有韧性、不粘手；无氨味而有发酵香味；含水量为 62%～65%，手紧捏有 2～3 滴水，pH 值为 7 左右。

7. 品种选择、播种与发菌管理

后发酵结束后要及时进行翻动拌料、播种。应彻底翻动整个料层，抖松料块，使料堆、料块中的有害气体散发出去。当料温降至28℃左右时进行播种。播种前应全面检查培养料的含水量，并及时调整。

优良的菌株和优质的菌种是保障高产的关键。一定要在正规的有生产资质的菌种生产单位购买，各地应根据当地气候条件和市场要求选择品种。目前国内普遍应用的是由福建省农业科学食用菌研究所选育的杂交品种AS2796，该品种菇质优、抗逆性强，适合于罐藏和鲜销。

播种所用的工具应清洁，并用消毒剂进行消毒。播种量因栽培种的培养基质不同而不同，每平方米使用750mL麦粒菌种1～1.5瓶，每平方米使用棉籽壳菌种为1.5～2瓶。采用混播加面播方法较好，菌丝封面快，长满料层时间短。其方法是：将总播种量的2/3菌种均匀的撒在料面，用手指将菌种耙入1/3深料层，把余下的1/3菌种撒播在料面，然后压紧拍平培养料。

播种后的整个发菌期的管理主要是调节控制好菇房内的温度、适度和通风条件。在播种后，菌种萌发至定植期，应关紧菇房门窗，提高菇房内二氧化碳浓度，并保持一定空气相对湿度和料面湿度，必要时地面浇水或在菇房空间喷石灰水，增加空气湿度，促进菌种萌发和菌丝定植。同时要经常检查料温是否稳定在28℃以下，如料温高于28℃，应在夜间温度低时进行通风降温，必要时须向料层打扦，散发料内热量，降低料温，以防“烧菌”。播种3～5 d后，开始适当通风换气，通气量的大小，要根据湿度、温度和发菌情况而定，正常情况下，播种1周以后蘑菇菌丝即可长满料面，应逐渐加大通风，降低料表面湿度，抑制料表面菌丝生长，促进菌丝向培养料内生长。在播种后的发菌过程中，还需经常检查杂菌和螨类等发生情况，一旦发现应及时采取防治措施，以防扩大蔓延。

在适宜条件下，播种后20～23 d菌丝便可长满整个料层，菌丝长满培养料后，应及时进行覆土。

8. 覆土及覆土后的管理

优良的覆土材料应具有高持水能力，结构蓬松、孔隙度高和稳定良好的团粒结构。目前国内普遍应用的覆土材料为砻糠细土、河泥砻糠土，近年来也推广应用以草炭为主要基质的新型覆土技术，取得了良好的效果。无论是砻糠细土、河泥砻糠土，还是草炭覆土，必须进行严格消毒。有条件最好采用蒸汽消毒，通入70～75℃蒸汽消毒2～3 h。或在覆土前5 d，每110 m^2栽培面积的覆土用3～5 kg甲醛，稀释50倍左右，均匀喷洒到覆土中，立即用塑料薄膜覆盖密闭消毒72 h以上。覆土前揭开薄膜让甲醛彻底会发至无刺激味方可使用。

当菌丝长满整个料层时，一般是播种后12～14 d，才能进行覆土。过早覆土，菌丝没有吃透料层，生长发育未成熟，不利于菌丝爬土，甚至不爬土，影响产量。过迟覆土，菌丝老化，出菇期延迟，不利于高产。要先覆粗土，数天后再覆细土，覆土厚度一般为料床的1/5。

9. 出菇管理

从播种起大约35 d就进入出菇阶段，产菇期3～4个月。出菇期，菇房的温度应为16～18℃，适宜空气相对湿度90%左右，并应经常保持空气新鲜，出菇期应经常开门窗通风换气，以满足蘑菇生长的要求，当菇房内温度高于18℃时，应在早晚气温低时加强通风，菇房内温度低于13℃时，应选择午间气温高时通风，菇房内温度高于20℃时，禁止向菇床喷水，每天在菇房地面、走道的空间、四壁喷雾浇水2～3次，以保持良好的空气相对湿度。为缓解通风和保湿的矛盾，可在门窗上挂草帘，并在草帘上喷水，这样在通风的同时，可较大限度地保持菇房内空气湿度，还可避免干风直接吹到菇床上。总之，整个出菇期管理的核心是正确调节好温、湿、气三者关系，满足蘑菇生长相对湿度、水分和氧气的要求。

10. 采收和贮运

菌盖未开、菌膜未破裂时，及时采收。采收过迟不仅菇体过大，薄皮开伞菇增多，质量下降，同时消耗养分，影响下潮菇生长。采收前应避免喷水，否则采收后菇盖容易发红变色，影响质量。采收时，应轻采、轻拿、轻放，保持菇体洁净，减少菇体擦伤。采收后床面上的孔穴、蘑根、死菇和碎片，不仅会影响新菌丝的生长，而且易腐烂和招致虫害的发生。所以，彩后床面整理是保障稳产的关键。

采收结束后，及时清理废料，拆洗床架，进行一次全面消毒。栽培蘑菇的废料是一种良好的有机肥料，可用于蔬菜和花卉育苗的基质和肥料。

（二）草菇栽培工艺流程及技术要点（图6-8）

1. 栽培时间的确定

在自然条件下，通常安排在5—9月，在日平均气温达到23℃以上时开始栽培，6月至7月初栽培最为适宜。若菇房有加温设备，室温达到28～32℃，即可实现周年生产。

2. 场地选择

目前栽培方式主要有室外畦式栽培和室内床架式栽培两种。

室外畦式栽培是室外露地常用的一种栽培方式。其特点是成本低，灵活性

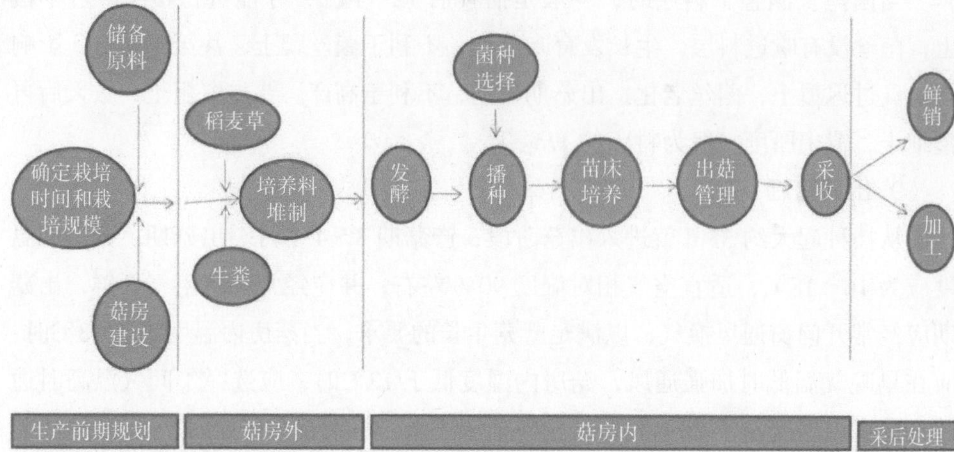

图 6-8　草菇发酵料栽培工艺流程

强，操作简单。

室内床架式栽培，有的是利用蘑菇房床架，有的是改进香菇出菇架，有的是借鉴双孢蘑菇标准化菇房而建造。菇房应具有足够的散射光，一般底层床架离地 50～60 cm，顶层离屋顶 1 m 以上。层间距离 60 cm，床架宽 0.7～1.2 m。床架式栽培可以高效利用生产空间，在草菇生产中广为应用。

3. 原料储备

稻草尽量选用单季晚稻或连作晚稻草，并要求干燥，无霉烂。常用配方如下。

配方 1：稻草 500 kg+ 石灰 10 kg；

配方 2：稻草 500 kg+ 麦麸 35 kg+ 石灰粉 10 kg；

配方 3：稻草 500 kg+ 干牛粪粉 40 kg+ 过磷酸钙 5 kg+ 石灰粉 10 kg。

根据培养料配方和生产规模，计算所需贮备原料数量。

4. 培养料的预处理和发酵

预湿：在水池或其他容器中加入石灰粉，调成 2% 石灰水，将稻草浸入水池 3～6 h，让稻草充分湿透后捞出拌入其余辅料，然后在地面制成草堆并覆盖薄膜，使水分相互渗透均匀。

上架：将经过预湿的稻草铺放到床架上，采用覆瓦式辅料方法，厚度掌握在压实后 25～30 cm，然后逐层淋水至每层有水滴下为度。稻草吸足水分是夺取高产的关键。稻草上架后，将四周塑料薄膜放下，以利保温。

巴氏灭菌：稻草上架后马上加温，可用蒸汽发生炉，也可用废弃油桶，让热蒸汽从床架底层向菇棚疏松扩散，使菇棚内室温达到66～75℃，中层料温达到63℃左右，保持8～10 h后停火。

5. 品种选择

一定要在正规的有生产资质的菌种生产单位购买。各地应根据市场要求选择品种，若喜欢深色的，可以选择‘V23’，其缺点是抗逆性较差。若喜欢浅色的，可以选择‘屏优1号’，适于中国南方室内外栽培。在稻草和棉籽壳上培养时，菌丝灰白色、浓密、粗壮，从接种到现蕾6～8 d。

6. 播种和发菌管理

待料温降至38℃左右，抢温接种，随后盖上塑料薄膜1～2 d，以免菌种失水。每平方米播种1～2袋，采用料面撒播，边缘点播相结合的方法，然后压实料面，覆盖无纺布，以保持床面培养料含水量。下种后，应密闭菇棚，菇棚室温30～34℃保持4 d，以促进草菇菌丝发育旺盛。菌丝尽快长满培养料。播种后第5 d，检查床面发菌情况，如菌丝已基本长满料，就必须采取以下四项措施，促进草菇原基形成：① 降温。草菇房温度逐步降至28～32℃。② 增加光照。草菇原基形成需要一定的散射光，促进菇床全面出菇。③ 通风。适当加大通风量，但禁用直接风吹入，应在通风处遮草帘。④ 加湿。在床面及菇棚内空间用喷雾器喷雾，提高空气湿度。

7. 出菇管理

正常情况下，下种后6～7 d菌丝开始扭结形成白色小菇蕾，这是应保持室温28～32℃，并喷雾增湿，保持空气湿度90%～95%，利用中午气温较高进行通风换气，每天通风时间控制在10～15 min，防止风直接吹入床面，当菇棚室温低于27℃时应及时加温，这事关草菇栽培的成败。

8. 采收

一般播种第10 d开始有少量菇采收采收要及时，菇形是蛋形最适，一旦突破草菇外菌膜，就失去商品价值。采收时用手按住草料，以免损伤其他小菇或拉断菌丝。采收后及时清理床面或死菇，保持菇棚内温度30～32℃，空气湿度85%～90%，促进下潮菇的形成和发育。一般情况下第一批菇占总产量的50%，第二批菇可收30%，第三批可收20%，整个栽培过程16～18 d。

四、注意事项

（1）在食用菌生产中，良种良法是获得稳产、高产的关键。其中保障营养合理的培养料、选择优良品种和高质量菌种、创造满足食用菌适宜生长的温度、湿度、光照和通风等环境条件，做好病虫害预防和综合防治是生产中的四个核心环节，任何一个环节出现失误，都会导致绝产。

（2）培养料既要保障营养搭配合理，又要保障处理得当，给食用菌丰产创造物质基础。碳氮比是培养料配制的核心原则，在培养料搭配时既要兼顾营养合理，也要兼顾培养料的透气性、吸收性等物理性状适宜。

（3）良种是成功生产的基础，也是丰产的关键之一。所以，要确保食用菌种质量可靠。目前菌种良莠不齐，在生产中务必做好这一步。

（4）温度、湿度、光照和通风是保障食用菌茁壮生长的外部因素，尤其是温度、湿度和通风是相互关联，常常又相互矛盾。所以，在自然条件下栽培食用菌，对温度、湿度、光照和通风的调控要及时、灵活。

（5）在食用菌生产过程中，出菇时，绝对不能使用任何农药。所以，病虫害预防是食用菌生产的关键，综合防治是对策。正确处理培养料，彻底杀灭杂菌，减少污染源；在菇房内悬挂杀虫灯和诱虫板，控制虫害，在发生污染时，及时销毁处理；在通风窗口和门口增加防虫网，切断传播途径。

（6）在自然条件下，双孢蘑菇和草菇生产具有一定的区域性。根据当地气候条件，通过搭建简易菇棚，创造适宜双孢蘑菇和草菇生长的环境条件，已经不是一件难事。但是，若需要进行周年生产，菇房的建设需要较大的投入。

五、适宜区域

在自然条件下，食用菌生产具有一定的区域性。但是人工种植情况下，根据当地气候条件和市场需求，选择不同种类和品种，通过搭建简易菇棚，创造适宜食用菌生长的环境条件，在全国各地都能够栽培。

第二节　秸秆栽培木腐菌类技术

一、技术内容及特点

木腐菌是指生长在木材或树木上的菌类。如香菇、黑木耳、灵芝、猴头、平菇、茶树菇等。玉米秸、玉米芯、豆秸、棉籽壳、稻糠、花生秧、花生壳、向日葵秆等均可作为栽培木腐菌的培养料。随着棉籽壳价格的上涨，利用秸秆进行平菇栽培成为首选。

按照培养料配方配制培养基，装袋后灭菌，经冷却后接种，然后发菌培养，最后经出菇管理和采收，即可完成木腐菌的栽培过程。

二、机具配套

与栽培草腐菌技术配套设备基本一致。

三、工艺流程

木腐菌种类较多，对生长环境的要求不一。但栽培的环节比较相似，现以平菇栽培为例（图 6–9）。

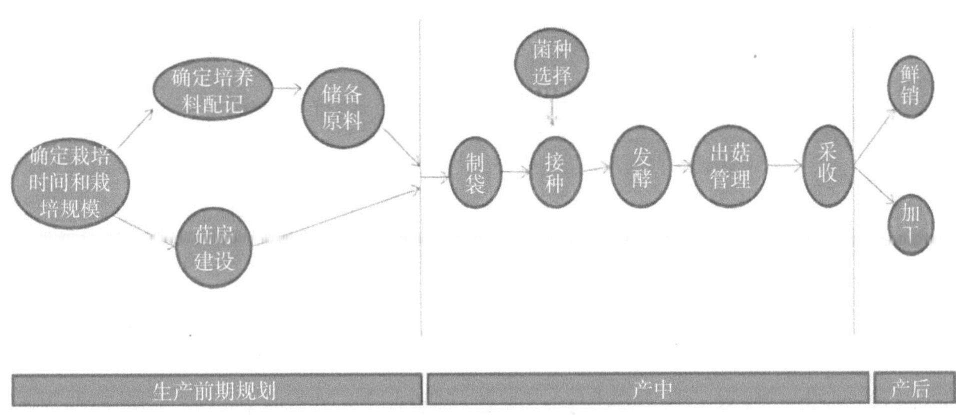

图 6–9　平菇栽培工艺流程

（一）栽培时间的确定

平菇发菌时间一般为 30 d 左右，发菌期核心问题是控温，对于一般场地，稍加改造即可满足这个要求。所以，生产者要根据当地的气候特点妥善安排播种期，以发菌完成后的 60 d 内白天菇棚温度在 8～23℃为宜。

（二）场地选择

平菇抗杂能力强，生长发育快，可利用栽培的环境比较多，如闲置平房、菇棚、日光温室、塑料大棚、地沟等。可因地制宜，以易于发菌，易于预防病虫害、便于管理，能充分利用空间，提高经济效益为基本原则。

（三）原料储备

可用于栽培平菇的培养料种类很多，几乎农林业的废料都可作为平菇栽培的主料，如各类农作物秸秆、皮壳、树枝树杈、刨花、碎木屑等，栽培平菇的辅料也很多，麦麸、米糠、豆饼粉、棉仁饼粉、花生饼粉等都是平菇很好的氮源添加物。常用配方如下。

配方 1：玉米芯 80 kg，麦麸 18 kg，石灰 2 kg。

配方 2：玉米芯 80 kg，麦麸 15 kg，玉米粉 3 kg，石灰 2 kg。

配方 3：玉米芯 40 kg，棉籽壳 40 kg，麦麸 18 kg，石灰 2 kg。

配方 4：棉秆粉 40 kg，棉籽壳 40 kg，麦麸 18 kg，石灰 2 kg。

上述配方均要求料水比为 1∶（1.3～1.4）。

（四）品种选择

由于平菇栽培种类多，商业品种也多，性状各异，可以根据不同的用途划分品种的类型。

1. 按色泽划分的品种

不同地区人们对平菇色泽的喜好不同，因此栽培选择品种时常把子实体色泽放在第一位。按子实体的色泽，平菇可分为深色种（黑色种）、浅色种、乳白色种和白色种四大品种类型。其中，深色种（黑色种）：这类色泽的品种多是低温种，属于糙皮侧耳和黄白侧耳。深色种多品质好，表现为肉厚、鲜嫩、滑润、味浓、组织紧密、口感好。浅色种（浅灰色）：这类色泽的品种多为中低温种，最适宜的出菇温度略高于深色品种，多属于白侧耳种。色泽随温度的升高而变浅，随光线的加强而增深。乳白色种：这类色泽的品种多为广温品种，属于佛罗里达侧耳种。这类品种对光强敏感，在间接日光光源下子实体是乳白色；在直接日光光源下要弱光条件下才能呈乳白色，光照稍强就有棕褐色素产生；在灯光光源下乳白色甚至白色，这类菌盖较前两类稍薄，柄稍长，但质地致密，口感清脆。白色种：这类品种全部为中低温品种。子实体的色泽不受光照影响，不论光照多强，子实体均为白色。这类品种子实体柄极短，菌盖大，组织较致密。

2. 按出菇温度划分的品种

从子实体形成的温度范围又可分为 5 个温度类型，即低温品种、中低温品种、中高温品种、广温品种和高温品种。

低温种：出菇温度范围 3～18℃，最适为 10～15℃。低温种的特点是产量中等，品质上乘。特别是以其柄短肉厚，口感细腻，鲜嫩而备受青睐。

中低温种：出菇温度范围 5～23℃，最适为 13～18℃。这类品种的特点是出菇快，转潮快，出菇中等，品质上乘，口感柔软，耐运输。

中高温种：出菇温度范围 8～28℃，最适为 16～24℃。这类品种的特点是菌丝抗杂能力强，生长浓密，发菌期较耐高温，产量上等。以子实体乳白色，口感清脆而备受消费者欢迎。

广温种：出菇温度范围 8～32℃，最适为 18～26℃。这类品种的特点是菌丝发菌期耐高温，抗杂能力强，菇形大，产量高，产孢少。

高温种：出菇温度在 20℃以上。这主要是凤尾菇和糙皮侧耳种内的菌株，凤尾菇的出菇适温 20～24℃，糙皮侧耳的高温菌株可在 24～26℃出菇。

（五）常用和常见的栽培方式

地面块栽：将培养料平铺于出菇场所的地面上，用模具或挡板制成方块，块的大小可根据场所的方便而定。大块栽培一般长 60～80 cm，宽 100～120 cm。小块栽培一般长 40～50 cm，宽 30～40 cm。这种栽培方式适用于温度较高的季节。优点是工效高，透气性好，散热性好，发菌快，出菇早，周期短。其不足是空间利用率较低。采用这一方法时，培养料最好要发酵。

墙式袋栽：这一方法是将培养料分装于塑料袋内，生料栽培或熟料栽培。这种方法栽培出菇期将菌袋码成墙状，打开袋口出菇。这一栽培方式的优点空间利用率高，便于保湿，出菇周期长。其不足是透气性差，散热性差，发菌慢，出菇偏晚。因此，栽培中要注意较地面块栽多给予通风，菌袋要刺孔通气（图 6-10）。

图 6-10　墙式袋栽栽培模式

平菇抗杂菌能力强，但在高温季节墙式袋栽时，为了防治杂菌污染，避免药物防治的风险，最好熟料栽培，熟料栽培的培养料要高温灭菌，需在100℃常压下灭菌10～12h。

（六）培养料的预处理和发酵

先将原料切碎至适宜的大小，如麦秸、玉米芯等，发酵前都要切碎，不能整个秸秆使用。将其与各种辅料混合均匀，加水搅拌至含水量适宜后上堆，加盖覆盖物保温、保湿，每堆干料1 000～2 000 kg，堆较大的中间要打通气孔，发酵期间要防雨淋。一般48～72 h后料温可升至55℃以上。此后保持55～65℃温度经过24h后翻堆，使料堆内外交换，再上堆，水分含量不足时可加清水至适宜。当堆温再升至55℃时计时，再保持24h翻堆，如此翻堆3次即发酵完毕。发酵好的培养料有醇香味，无黑变或酸味、氨味、臭味。

（七）地面块栽

地面块栽工艺流程如下。

1. 发酵

按标准要求方法进行培养料的发酵。

2. 进料

进料前要将发菌场地清理干净，灭虫和消毒，将地面灌湿，以利降温，发酵完毕后，将料运进菇棚，散开，使料温下降。

3. 播种

当料温降至30℃左右或自然温度即可准备播种。操作开始前要做好手和工具的消毒。播种多为层播，即撒一层料，撒一层种，三层料三层种，播种量以15%左右为宜。即每100 kg干料用15 kg菌种（湿重）。播种时表层菌种量要多些，已布满料面为适。这样，既可以预防霉菌的感染，又可以充分利用料表层透气性好的优势，加快发菌，可有效的缩短发菌期，从而早出菇。

播种时要注意料的松紧度要适宜，过松影响出菇，过紧则影响发菌，造成发菌不良或发菌缓慢，甚至滋生厌氧细菌。

4. 覆盖

播种完毕后，将菌块打些透气孔，在表面插些小木棍，以将薄膜支起，便于空气的交换，再将薄膜覆盖于表面，注意边角不要封严，以防透气不良。

5. 发菌

地面块栽均为就地播种就地发菌。发菌期应尽可能的创造避光、避风和温度适宜的环境条件。发菌的适宜环境温度为20～28℃，发菌期每天要注意观察、调整，温度较高的季节要特别注意料温，料中心温度不可超过35℃。发现霉菌感染，及时撒石灰粉控制蔓延，表面有太多水珠使，要及时吸干，要通风透气，最好每天换气30 min左右。温度较高的季节可夜间开窗或扒开中缝和掀开地脚，高温季节要严防高温烧菌和污染，主要措施是夜间通风降温，白天加强覆盖和遮阴。

6. 出菇期及管理

在较适宜的环境条件下，经20～30 d的培养，即可见到浓白的菌丝长满培养料。当表面菌丝连接紧实，呈现薄的皮状物时，表明菌体已经具备出菇能力，应及时调整环境条件，促进出菇，具体方法如下。

加大温差：夜间拉开草帘，加大空气相对湿度，每天喷雾状水3～5次，加大通风，每天掀开塑料薄膜1～2次，加强散射光照，每天早晚掀开草帘1～2 h。

当原基分化出可明显区别的菌盖和菌柄后，将塑料薄膜完全掀开根据栽培品种出菇的适宜温度，控制菇房条件。一般而言，应保持温度12～20℃，空气相对湿度85%～95%，二氧化碳低于0.06%，光照50勒克斯以上。

7. 采收

在适宜环境条件下，子实体从原基形成到可采收5～6 d，子实体要适时采收，以市场需求确定采收适期。如果市场需要的是小型菇，就要提早采收，采收时要整丛采下，注意不要带起大量的培养料，尽可能减少对料面的破坏。

采菇后，要进行料表面和地面的清理。之后，盖好塑料薄膜养菌，一般养菌4～6 d后，即可出二潮菇，必要时可以补水。

（八）墙式熟料袋栽

1. 制袋

使用低压聚乙烯塑料袋，以直径17 cm，厚0.4～0.5 mm，长55 cm为宜，按上述配方将培养料加水混合搅拌均匀，配制好后立即分装，分装要松紧适度，上下一致。分装好的袋子要整齐码放在筐中。

2. 灭菌和接种

分装后菌袋应整筐立即上锅灭菌，装锅时注意不可码放过挤，以免蒸汽循环不畅，灭菌不彻底。由于量大，一般不使用高压锅，而使用自砌的土蒸锅行常压灭菌。土蒸锅的大小以一次可装1 000 kg干料量为宜，不宜太大。锅炉容量要充足要求封锅后2 h内锅内物品下部空间达到100℃，维持10 h。

灭菌后要冷却至料温 30℃时方可接种。可在发菌场所菇棚直接冷却，菌袋搬入前场所要先行清扫除尘，地面铺消毒过的薄膜或编织袋，要整筐冷却。为了提高空间消毒效果，可在冷却的同时用气雾消毒盒进行空间消毒。一般大规模栽培时每锅灭菌 1 000 袋，冷却需要 10 h 以上。通常冷却至接种的适宜温度后，在菇棚接种，可以两头接种，也可以打孔接种。两头接种一般每袋栽培种接种 20 袋左右，打孔接种可以接种 30 袋左右。

3. 发菌

发菌期要求条件与上述地面块栽相同。不同的是，菌袋不如菌块易于散热，因此，低温季节可以密度大些，以利于升温，促进发菌；高温季节要密度小些，不可高墙码放，要特别注意随时观察料温并控制在适宜温度范围。发菌期管理要点是：每天观察温度，以便及时调整。温度较高的季节要特别注意料温，料中心温度不可超过 35℃。菌丝长至料深 3 cm 左右后要翻堆，以利于每袋发菌均匀。菌丝长至 1/3～1/2 袋深时要刺孔透气。

4. 出菇及管理

当菌袋全部长满后，要适当增加通风和光照，温度控制在 15～20℃，空气相对湿度保持 85%～95%。当子实体原基成堆出现后，打开袋口，加盖塑料薄膜保湿，此时注意不可将子实体原基完全暴露在空气中，当中心子实体菌盖分化长到 0.5 cm 左右时，去掉塑料薄膜，将菇完全暴露在空气中，出菇期应做好以下工作。

（1）控制好温度。在适宜的温度范围内，子实体生长速度正常、健壮，色泽和外形都正常，且产量较高。一般从原基出现至可采收 6 d 左右，温度过低时，子实体生长缓慢，从原基出现至可采收需 8 d，甚至更长。但菌盖结实、肉厚，品质好。多数品种在低温下生长时菌盖色泽较深。温度过高时，子实体生长快，从原基出现至可采收需 4～5 d，但菌盖较薄，菌肉疏松，易碎不耐运输，品质下降，色泽变浅。高温还易招致病虫害的侵害。

（2）保持适宜的空气相对湿度。在 85%～95% 的相对湿度下，平菇子实体生长正常，过高和过低都不利于其生长。空气相对湿度过高时，菌柄伸长较快，而菌盖伸展较慢，长出的菇形不好，甚至出现菌盖内卷的“鸡爪菇”。空气相对湿度过低时，菌盖易开裂，子实体生长缓慢，降低产量，品质差。甚至不能正常形成子实体原基，已经形成的原基不能分化，各发育时期的子实体都可能因干燥而枯萎死亡。

（3）适当的通风和光照。通风和光照是平菇子实体形成和发育的必不可少的两个重要因素，通风不良和光照不足，都使子实体发育不良，形成柄长盖小的大脚菇，严重通风不良，二氧化碳浓度高时，原基不能分化，甚至膨大成菜花状，良好的通风，可以促进子实体的生长，特别是菌盖的伸展。在良好的通风状态下，菌盖大而厚，菇形好，且菌肉紧密结实，商品品质好，耐运输。多数品种子实体生长发育的适宜二氧化碳浓度在0.06%以下。光照适量时，子实体生长健壮，柄短盖大肉厚，色泽好。但光照不可过强，过强抑制子实体原基的形成。

（4）及时补水。平菇子实体90%以上是水分，而且第一和第二潮菇产量较高，使用优良品种，在适宜的环境条件下，这两潮菇即可达生物学效率100%的产量。因此，多数情况下，出菇两潮以后培养料内严重缺水，若不及时不足将严重影响产量。料内的水分含量是平菇产量的重要决定因素。一般情况下两潮菇后需补水，但如果一潮菇产量很高，一潮菇后就要补水。补水至原重的80%～90%为宜，补水过多会延迟出菇。

5. 采收

根据市场要求确定采收时期，采收时要注意以下内容。

轻采轻放：较其他食用菌相比较，平菇菌盖大，边缘较薄，采收和包装过程中菌盖较易破裂和破碎，特别是在温度较高的季节。此外，在运输过程中还会出现新的破裂和破碎，所以，要保证上市质量，要尽量在采收和包装过程中不损坏菌盖。这就要求采收时要轻拿轻放，包装时顺向平方。另外，采收期的盛装容器不要太深，以免菇体挤压菌盖破裂。

采后清理：采后清理包括三个方面：一是清理菇体；二是清理料面，去除菇根；三是清理地面，捡起随采收掉下的小菇和残渣废料。料面和地面不及时清理，易于滋生病杂虫害。

预防孢子过敏：多数人对平菇孢子有不同程度的过敏反应。因此采收时应戴口罩。在使用有孢品种时，采收前的预防非常必要，主要措施是及时采收和喷水通风。目前大量栽培的品种多是少孢或孢子晚释品种，适当早采可有效的防止孢子过敏。

四、注意事项

（一）发菌不良

发菌不良的表现多种多样，主要有菌种萌发缓慢、生长缓慢，或者不萌发，生长到一定程度不再生长；菌丝生长纤细无力，稀疏松散。属于第一种情况的，多是培养料含水量过大，透气性差，有的还由此而滋生了大量厌氧细菌，打开袋会有较强的酸味。这种情况需要开袋口并打孔通风，这样可有效的增加料中氧的供给，同时降低料的含水量。属于第二种情况的，多是菌种本身带有细菌或活力较弱，或发菌期透气不足，持续高温高湿，打开袋口有时有浓烈的恶臭味。属于菌种本身的问题很难补救，属于环境条件不适的要加强通风排湿和降温。这种情况发菌期要适当延长，不可过早给予出菇刺激，否则，将严重降低产量。

（二）出菇推迟

在生产中，有时发菌良好，却不及时出菇。这主要有以下几方面原因：一是料中含水量不够。平菇子实体形成的适宜基质含水量为 70% 左右，若含水量亏欠太多则需要补水。二是通风不良或光照不足。发菌中平菇菌丝产生大量的二氧化碳，当通风不良时，料中沉积的二氧化碳不能及时散出，菇房的二氧化碳浓度也比较高。这种情况下要打开袋口或袋上打孔，块栽的每日掀动几次薄膜以增加氧气的进入，同时菇房加强通风，如此几日便可有菇蕾形成。光照不足，子实体形成也会推迟。实际生产中，为了及时出菇，可在菌丝长满前 5~7 d 增加光照。

（三）死菇

死菇在较大量的栽培中是常见问题之一，特别是老菇房，死菇的原因很多，有的甚至起因不清。目前已知的死菇主要有以下三种情况：一是干死菇。表现为幼菇干黄，手用力捏时无水流出，含水量明显不足。这种情况多是湿度不够所致。菇房通风不当如直吹风，料内含水量不足和大气相对湿度过低或阳光直射都会引起干死菇。加强水分管理就会避免干死菇的发生。二是湿死菇。表现为幼菇湿呈水渍状，后变黄甚至腐烂，用手稍捏就有大量的水滴出。其主要原因就是喷水过重，使幼菇子实体水分饱和而缺氧窒息而死。菇房内喷水过量同时通风不及时或菇根部积水常造成湿死菇。因此，适当的水分和通风管理会有效的解决湿死菇问题。三是黏死菇。表现为幼菇先是生长缓慢，继而渐渐变黄而湿，最后表面变黏，常出现在老菇房的第二潮及其以后。

（四）畸形菇

畸形菇发生的原因主要是通风不良，菇房二氧化碳浓度过高。或是空气相对湿度过高，敌敌畏的使用等也都能造成畸形菇的出现，严重时会出现二度分化。

（五）黄斑菇

黄斑菇是由假单胞杆菌引起的细菌性病害。这种病害常出现在第二潮菇以后，特别是灰色品种，在相对湿度较低的条件下易发生，假单胞杆菌在自然界广泛存在，在菇房主要靠水流传播，在灰色品种、生料栽培、大水管理和通风不良的条件下发生。预防黄斑病需要综合防治，如采用熟料栽培，地面石灰消毒、适量给水、加强通风。

（六）分化迟、生长慢

在适宜的环境条件下，平菇各类品种现蕾后，次日即可见到表面有圆形的小钉头状物，2～3 d 即可分辨出白色的柄和灰色的盖，这表明环境条件适宜。如果从见到原基开始，几日后外形变化不大，不见柄和盖的分化，只是原基不断膨大，表明通风不良，应边通风边加强水分管理，以促分化。

五、适宜区域

与栽培草腐菌技术适宜区域一致。

第三节　秸秆植物栽培基质技术

一、技术内容与特点

秸秆栽培基质制备技术是以秸秆为主要原料，添加其他有机废弃物以调节碳氮比和物理性状（如孔隙度、渗透性等），同时调节水分使混合后物料含水率在60%～70%，在通风干燥防雨环境中进行有氧高温堆肥，使其腐殖化与稳定化。

原理是利用自然界（必要时接种外源秸秆腐解菌）大量的微生物对秸秆进行生物降解，微生物把一部分被吸收的有机物氧化成简单的可供植株吸收利用的无机物，把另一部分有机物转化成新的细胞物质以促使微生物生长繁殖，进而进一步分解有机物料。最终秸秆等原材料转化成简单的无机物、小分子有机物和腐殖质等稳定的物质。将堆腐稳定的物料破碎后，与泥炭、珍珠岩、蛭石、矿渣等材

料合理配比，使其理化指标达到育苗或栽培基质所需条件。与传统的土壤栽培相比，秸秆栽培基质具有省水、省肥、省力，能提高作物产量与品质，避免土壤连作障碍，且不受地域条件限制等优点。

无土栽培是传统农业生产向现代化、规模化、集约化转化的新型栽培方式，具有高产、优质，并可避免土传病害及连作障碍，而基质栽培是无土栽培的重要类型。秸秆中含有大量的木质素、纤维素、半纤维素和粗蛋白质等养分。在国外利用秸秆种植蔬菜已有 50 多年的历史，秸秆栽培基质在欧洲和加拿大等地区和国家应用也非常普遍。

二、机具配套

在秸秆栽培基质制备过程中，除了可以应用到栽培草腐菌技术配套的翻堆机、搅拌机等设备外，还可以利用图 6-11 所示的装袋设备完成栽培基质的机械化装袋，可以大大提高劳动效率、减轻劳动强度。

图 6-11　秸秆栽培基质装袋机

三、工艺流程

目前国内外秸秆基质化利用的流程主要包括秸秆原料预处理、与其他物料合理配比（复配）以及基质性状调控三大部分。生产流程见图 6-12。

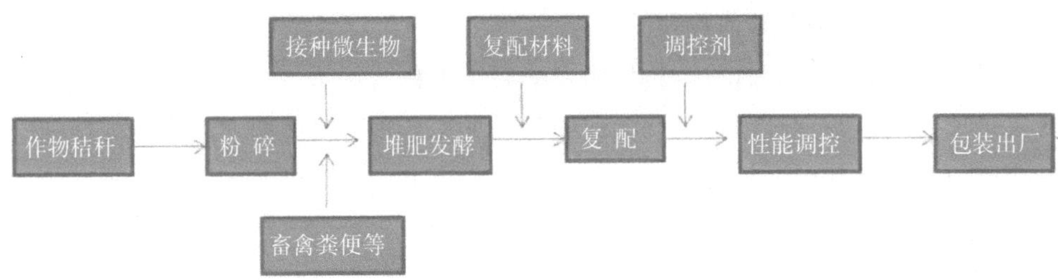

图 6-12　秸秆栽培基质化生产工艺流程

秸秆预处理技术主要有机械粉碎和堆肥发酵技术。秸秆作为基质原材料，其物理、化学性质或生物学稳定性未能达到理想基质的标准，因此需要通过后期加工处理改良其性质以达到育苗或栽培要求，称为秸秆的预处理。

预处理分为物理法和化学法两类。物理法有粉碎、过筛和混配等；化学法有发酵、淋洗和使用发酵添加剂等。若秸秆颗粒过大，除采用粉碎、过筛方法外，通过发酵降解也可改变基质粒径。粉碎后的粒径大小对发酵时间和腐熟程度等也有一定影响。

（一）堆肥发酵

农作物秸秆中含有大量的有机质、氮、磷、钾、钙、镁、硅、硫和其他微量元素，是重要的有机肥源之一。但秸秆中上述养分只有在经过堆肥发酵等前处理后才能安全有效地被植株吸收利用。

堆肥发酵是利用自然界大量的细菌、放线菌和真菌等微生物对秸秆进行生物降解，最终秸秆等原材料以简单的无机物、小分子有机物和腐殖质形态存在，而腐殖质则是理想的植株长效肥源。秸秆发酵过程往往混合一定比例的畜禽粪便等物料，粪便等有机废弃物料的主要成分为蛋白质、脂肪、碳水化合物以及一些微量的矿物盐分，这些成分可为秸秆发酵系统中的微生物提供代谢底物，促进其生长繁殖，而秸秆发酵过程中被破坏的纤维结构作为一种附着物和良好的发酵支持介质，可更好的吸附、分散粪便中的可代谢成分，同时有效的固定和浓缩这些有机质中的碳、氮、磷、硫等元素，提升秸秆作为肥料的潜在价值和应用潜力。堆肥发酵除了将秸秆降解为有效有机肥之外，还会产生 50~70℃的高温，不仅干燥了物料，也杀死了虫卵和病菌等有害生物，同时提高了基质的安全性和化学稳定性。

（二）秸秆堆肥与其他物料的复配

单一秸秆和粪便等有机物料堆肥发酵后用于栽培基质，常存在容量过大、通气孔隙度过低等物理性状缺陷，需要通过与其他基质材料再次混配来改善物理性状。同时，有机基质的生物稳定性差，物理性状不稳定，需要通过与无机基质混合浸泡改善其稳定性。早期的复配添加材料有棉岩、蛭石、珍珠岩和泥炭等，这些材料具有环境降解性差和价格较高等特点，因此复配材料越来越倾向于环境友好且价格低廉的炉渣、河沙、土壤和矿渣等材料。根据基质配方及需求量的要求，计算出堆肥与每种复配材料的体积，将各原料分层间隔堆置，人工或使用翻堆设备充分混拌均匀，即完成基质生产的材料复配。研究表明，秸秆堆肥与土壤、河沙、炉渣、糖醛和锯末等材料复配可显著改善其持水性、容量和孔隙特征等物理性状，用于蘑菇、草莓、番茄和青椒等作物的栽培取得良好的生产效果。

配方：有机物料添加量 W 在 60% 左右（其中秸秆 20%～35%，牛粪 20%～35%，草炭 0～20%，菇渣 0～25%）；无机原料 W 在 40% 左右（其中蛭石 0～10%，河沙或荒漠沙 0～35%，炉渣 0～35%，菇渣 0～25%）效果最好。

（三）基质调控剂的添加

由于基质材料本身的缺陷，基质材料配比成功后仍可能存在保水保肥性差的问题，且由于畜禽粪便含有较高的盐分，混合发酵大大限制了秸秆原料基质的应用效果和应用领域，因此需要添加调控材料，也就是基质调控剂（如吸水树脂、生物炭、凹凸土、保水剂、腐殖酸和硅藻土等）来改善其理化性质。

1. 吸水树脂

在基质水分耗竭的条件下吸水树脂可延缓黄瓜和番茄等植株的萎蔫发生时间，植株叶片量及茎粗等生长指标值也相应提高。

2. 生物炭

具有改善基质理化性能和作物生长状况的作用。

3. 凹凸土

经过改性后可降低基质的盐分。

4. 保水剂与泥炭

二者联用具有较好的降低盐分的效果。

5. 吸水树脂与生物炭

联用可在提高基质保水性的同时抑制基质盐分的升高。

（四）秸秆基质化的生产设备及工艺参数

从秸秆原料到基质产品打包出厂，所用设备主要包括粉碎机、发酵设备、复配搅拌机（混合机）和计量打包机等。其中，粉碎机及计量打包机等是较为简易的设备，市场上常见的粉碎机、电子秤和打包机即可满足物料粉碎、称重和打包等要求。目前主要的设备为混合设备和发酵设备。

1. 混合设备

复配材料及基质调控剂与秸秆堆肥的混合均匀度对基质产品理化性状的稳定性至关重要，对发酵效果也有重要影响。目前国内使用的混合机可分为间断式混合机和连续式混合机两种。间断式混合机主要以单轴和双轴混合机为主，利用转动的桨叶进行搅拌，能够有效减少离析状况，使原料与配料充分混合。连续式混合机的结构主要由电机、供料器、管型壳体、转轴和桨叶组成。物料按配方用量由进料口送入混合机，辅料或添加剂按配比通过辅料口进入混合机，混合轴旋转时，桨叶将物料向前方翻动并抛起、混合，然后向出口输送，可实现“边进边出”连续作业。这种混合机占地面积小，可实现连续混合作业，且容易实现无人作业，但其对原料及配料的定量输送要求较高。

2. 发酵设备

根据物料周转形式，发酵可分为静态式发酵和动态式发酵两种。

静态发酵易使物料受到外界杂菌的感染而影响成品品质，同时也存在劳动强度大、效率低、发酵不充分和肥料质量不稳定等缺陷。

动态发酵是将物料放置在有机械动力的容器内，由电器控制物料周转，自动化程度相对较高。目前常见的动态发酵设备有皮带式和车陈式两种。前者将物料置于上下多层皮带上由链轮机拖动皮带缓慢运行，附有调节温度、排风和检测等设备，物料在输送过程中完成发酵；后者则将物料放置在特制的透气容器内，容器分为若干发酵队列，有 2 条分配通道和 1 条返回队列，由拖拽机构进行拖动，由电器控制实现物料的分配、翻转和运输。该设备较为灵活，发酵环境稳定，但投资成本较高。目前专门应用于秸秆等物料基质化生产的动态发酵设备较少，上海市农业机械研究所成功研制了具有搅拌、吊升、前进、后退及自动操作等功能的 FJ-150 型电动自走槽式搅拌机，采用连续输送链的形式将物料向后输送，移动方向遵从“由湿到干，由生到熟”的单向规律，充分搅拌，供氧更加充分、均匀，发酵效果十分理想，调整后也可被用于基质化堆肥发酵。

另外，一种较有发展前景的秸秆发酵方式为发酵床原位发酵。该技术是根据微生态原理和生物发酵理论，利用微生物对畜禽粪尿原位降解，达到生态环境零污染的新型养殖模式。就是将预先接种微生物的作物秸秆、稻壳等材料作为垫料投入牲畜圈舍内，畜禽排泄物一经产生便被有机垫料吸收，并在原地发酵降解，经过一到几年不等的圈舍原位发酵，秸秆及畜禽粪便等垫料被降解熟化，可直接用作有机肥或基质原料，部分垫料出圈后经过相对短暂的二次堆肥制成发酵床垫料堆肥再用于基质生产。

四、秸秆基质化利用存在的问题

（一）秸秆原料供应差异导致基质产品不稳定

应大范围利用秸秆，形成标准化、产业化生产技术体系。我国大部分地区秸秆生产存在很强的季节性，全年秸秆出产的数量和种类不均一；同时，由于不同田块养分状况、环境条件和管理状况等的差异，作物生长状况不一，因此即使同种作物秸秆也存在品质的不均一性。这些都导致秸秆基质生产的原料供应存在不稳定性，不同批次生产的基质产品差异较大。针对这一问题，应大范围收集秸秆，充分混合的同时保证足够原料储备，将不同批次产品原料的差异降至最低，形成标准化、产业化生产技术体系，方可提升基质产品的均一性和稳定性。

（二）高品质秸秆发酵产品缺乏

秸秆发酵技术研究有待加强。堆肥发酵过程是受温度、水分、微生物、养分比例、酸碱度、管理方式（如秸秆堆放方式和翻抛频率等）、发酵物料组成即粒度、发酵设备等多种因素影响的复杂过程，任何一个因素控制不当便会影响发酵产物品质。目前的发酵产品多存在腐熟度不够、虫卵及杂草种子过多、养分可利用性低等缺陷，尤其与畜禽粪尿混合发酵后，产品盐分过高和重金属等污染物含量超标的现象较为普遍，缺乏性能稳定的高品质发酵产品。因此对秸秆进行有效的前处理，严密观测各项发酵环境参数及腐熟度进程，根据不同发酵阶段的特点接种有效菌种，采用生物学方法调控盐分并钝化重金属，加大优质发酵技术的研发，将是获取优质堆肥产品的有效途径。

（三）秸秆基质化产品性状不佳

应充分重视与加强新型材料用作基质调控剂的研究和应用。

（四）秸秆基质化生产工艺及设备相对落后

应加强产业化生产中现代工艺和设备的研发。尤其是发酵设备，存在生产工艺不完善、设备自动化程度及可操作性低、对物料要求过高、造价及维护费用高以及性能不稳定导致产品品质不稳定等缺陷，制约了秸秆基质性能的提升和产品的大规模生产。因此，强化生产工艺的完善，加大设备的研发力度，建立标准的秸秆粉碎、发酵、复配、调控等一系列的基质生产线，是大规模秸秆基质化利用与成熟基质产品生产的前提，也是未来产业化基质生产和规模化设施农业发展的大势所趋。

第七章 秸秆综合利用典型案例

第一节　秸秆机械化收储运模式

秸秆机械化收储运模式是通过捡拾打捆机将小麦、玉米收获后的残留秸秆捡拾打捆，主要用于饲料、基料、秸秆气化等方面，是秸秆资源化综合利用的基础。本模式可有效解决因机收或者人工收获后农田秸秆残留量大的问题，不仅能够实现残留秸秆的综合利用，而且有利于提高下茬播种质量，解决个别农民因播种而焚烧残留秸秆的问题。

一、运行模式

秸秆机械化捡拾打捆技术采用“农户 + 农机合作社 + 秸秆用户”的运行模式。作物收获后，农机合作社利用秸秆捡拾打捆机进行秸秆打捆回收作业，并支付给农户一定的报酬。农机合作社将打捆后的秸秆集中出售给秸秆用户，用于加工秸秆肥料、饲料或燃料等（图 7–1）。

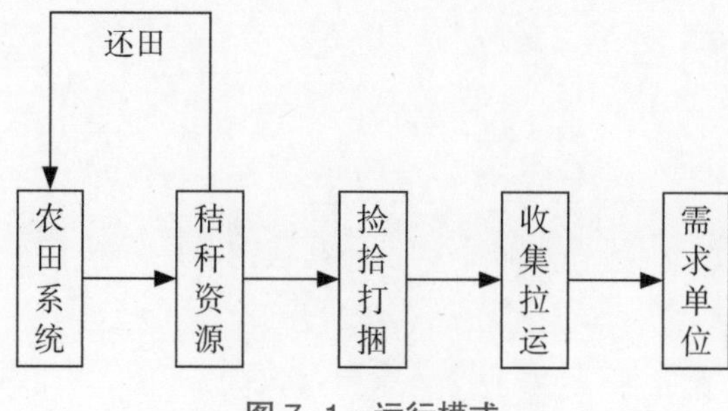

图 7–1　运行模式

二、配套装备及作业标准

主要为各类型秸秆捡拾打捆机。作业指标符合行业标准《方草捆打捆机》（GB/T 25423—2010）具体指标见表 7-1。

表 7-1 方草捆打捆机作业指标

玉米秸秆	计量单位	标准要求
成捆率	%	≥ 98
秸秆密度	kg/ 方	≥ 100
规则秸秆率	%	≥ 95
抗摔率	%	≥ 90

三、效益分析

（一）经济效益

农机合作社进行秸秆捡拾打捆作业主要成本（以 2018 年北京地区为例）为：收集秸秆支付给农户每亩 20～40 元；打捆机配套使用拖拉机，成本约每亩 9.6 元，机械化捡拾副油消耗 0.3 元 / 亩，每台车需要雇佣工人 2 个，每人每天 200 元，绳费 6.6 元 / 亩，设备折旧费约为 10 元 / 亩，合计成本每亩平均为 66.5 元。而玉米秸秆每捆重量约为 14.8 kg，一亩地打捆数在 20 捆左右，秸秆市场销售价格为 300～650 元 /t（受季节影响，贮藏至冬季销售价格较高）。每亩地秸秆收入在 88.8～192.4 元，平均售价为 140.6 元，据此推算，使用秸秆打捆机收获秸秆的利润每亩地约为 74.1 元，效益十分明显。

（二）社会效益

秸秆机械化捡拾打捆技术是发展秸秆全量化利用技术的基础，通过机械设备实现田间秸秆的自动化收集，大大降低了秸秆运输、储藏的成本，促进了秸秆资源的回收利用，同时解决农民就业和增收问题。其社会效益主要体现在：一是对于种植户来说，在种下茬农作物前要把地清理干净，不但费力费时还要解决秸秆的存放问题，本技术不但可以帮农户解决净地问题，而且农户还可以得到 20～40 元 / 亩的收入；二是对秸秆需求单位来说，不用购置价格较高的打捆机、粉碎机、运输车，省去很大的设备资金投入，也不用为找秸秆来源发愁；三是对农机合作社来说，由于农业生产的季节性，每年的11月至翌年的2月是休闲时间，没有作业任务，秸秆打捆机械化技术的应用使得农机合作社全年有活干有收入；四是对于地方政府来说，实现了秸秆的综合利用，解决了秸秆焚烧的问题，保护了大气环境和生态环境。

（三）环境效益

秸秆机械化捡拾打捆技术推广应用将改变北京地区农作物秸秆资源利用现状，促进其循环高效利用，减少秸秆焚烧造成的土壤、水和大气污染，大大加快了秸秆全量化利用进程，对减少温室气体排放和增加农田固碳具有重要意义（图7-2~图7-4）。

图7-2　秸秆机械化捡拾打捆机

图7-3　秸秆机械化捡拾打捆作业

图7-4　打好的秸秆捆

第二节　秸秆肥料化技术运行模式

堆肥发酵是农业废弃物转变为有机肥的关键，农业废弃物工厂化加工有机肥主要采用好氧堆肥发酵技术，堆肥高温期可以有效杀灭各类病原微生物，而堆肥后的固体肥料产品更易保存和运输，使用过程对于机械设备的要求也相对较低。

一、运行模式

秸秆肥料化技术运行模式主要有以下 4 种。

（一）服务组织串联处理模式——北京市顺义区（图 7–5）

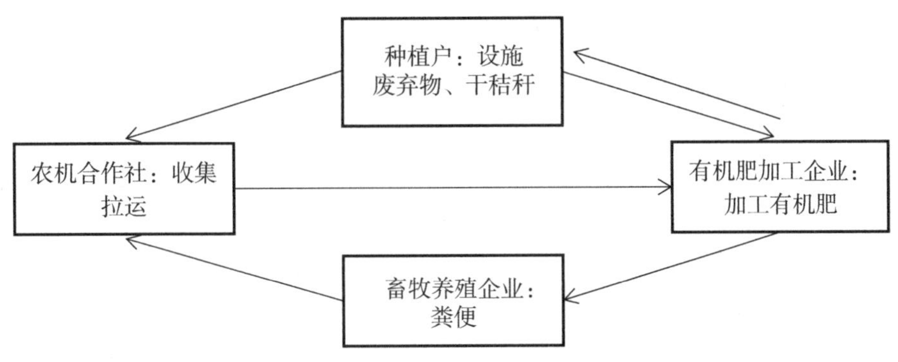

图 7–5　服务组织串联处理模式

采用“园区、种植户 + 农机合作社 + 有机肥加工厂”模式，种植户负责秸秆、设施废弃物、畜禽粪便等农业废弃物的供应。农机合作社通过专用运输车将秸秆、设施废弃物、畜禽粪便等运输至有机肥加工企业。有机肥加工企业利用粉碎机把固体废弃物切碎后，经自走式翻堆机搅拌后发酵，最后通过分选、装袋等工艺后加工成有机肥。通过政府购买服务的形式，提高各方积极性，促进农机专业合作社、有机肥企业和种植户的对接，既增加三者的收入，又实现了种养加的循环发展，推动一二三产的融合发展。

（二）区块化社会化处理模式——北京市大兴区

采用“区块布局、集中收储、市场运作、循环利用”的运行模式，将整个生产区分为若干个面积在3 000～5 000亩的小区域，并选择具有规模化加工处理能力的园区，通过设备配套、技术指导等手段建立处理点，委托其进行本园区及覆盖周边园区的农作物秸秆的分捡收集及后续的处理加工作业。根据每家处理点的地理位置和加工能力，对负责区域和收集范围进行科学划分，从而明确工作责任、提高管理效率，达到分工协作、精准管控的目的。

（三）集中收储点处理模式——北京市怀柔区

采用“科学规划、定点堆放、集中运输”的原则，在合作社内建立集中收储点，由合作社负责周边的秸秆及畜禽粪污收集，经过初步加工后运送至有机肥加工企业进行后续处理，可有效解决收储点周边的秸秆堆积及粪污污染问题。且由于集中运输，可大幅提高废弃物单次运输量，降低运输成本。该模式不仅可解决农作物秸秆及畜禽粪污收集成本高的为题，还可以拓宽农机社会化服务组织和养殖企业的业务范围，也降低了政府监管难度，具有可持续性。

（四）市场化全链条处理模式——北京市房山区

以有机肥加工企业为主体，进行市场化的农业废弃物收集及后续处理加工作业，由企业直接面对农户或园区，减少中间环节，提高收集效率。通过配套相关设备，提升企业在废弃物收集处理各环节的作业能力和水平，生产出的有机肥可用于农业生产，实现循环利用。

二、模式效率及适宜区域

（一）服务组织串联处理模式——以北京市顺义区为例

一个年产40 000t的有机肥加工点，可年处理废弃物40 000t，相当于13 000亩设施蔬菜所产生的废弃物。

适宜区域：适用于各类作物秸秆和平原区、山区半山区等不同区域，要求区域内拥有具备一定规模的农机服务组织和有机肥加工企业。

（二）区块化社会化处理模式——以北京市大兴区为例

单个处理点覆盖范围为3 000～5 000亩，年可处理20 000 t秸秆废弃物。

适宜区域：适用于以设施蔬菜和林果生产为主的农业生产区域，区域内农业种植园区较多，但缺少规模化的农机服务组织。

（三）集中收储点处理模式——以北京市怀柔区为例

集中收储点可覆盖怀柔北部山区半山区及周边河北部分区域，年可收集处理秸秆量 5 000 t 以上。

适宜区域：适用于大型机具难以进入的山区半山区，区域内农业种植分散，小农户种植比例较高，规模化生产园区较少。

（四）市场化全链条处理模式——以北京市房山区为例

当前有机肥加工企业年处理秸秆 50 000～80 000t，有机肥年产能 50 000t。模式完成建成后，秸秆年处理能力可达 100 000～150 000 t，有机肥年产能 80 000～100 000 t。

适宜区域：适用于具有资金力量较为充足、设备配套较为齐全的大型有机肥加工企业的农业生产区。

三、经济效益

（一）服务组织串联处理模式——以北京市顺义区为例

成本主要分为废弃物运输成本、有机肥加工设备购买及使用成本、人工成本等，其中设备总投资约为 80 万元，包括翻堆机、包装机、铲车、运输车、粉碎机。有机肥加工需 6 人，每人每天 130 元，生产周期 40 天。人工费合计 31 200 元。加上处理过程中的电费、运输费及设备折旧费等，经核算，每添加 1t 设施废弃物（含水量 80%）加工有机肥总成本为 103.9 元，处理后每吨设施废弃物平均可收益 67.1 元。

（二）区块化社会化处理模式——以北京市大兴区为例

示范区负责收集周边 3 000～5 000 亩的区域秸秆废弃物，其成本主要包括人工费、装载设备费用和运输车辆费用，其中装载设备为园区自有，运输车辆需要外雇。根据追踪调查数据显示，示范区每收集 1t 秸秆废弃物，平均需要人工 45 元、装载设备费用 20 元、外雇车辆费用 40 元，收集环节总成本为 105 元 /t；加工环节成本主要包括原料费和生产加工费，每生产 1t 有机肥，需要投入菌剂、生化腐殖酸等原料成本约 120 元，投入电费 72 元，投入人工约 100 元，各项设备折旧约 90 元 /t。据此计算，该模式收集加工有机肥总成本约为 487 元 /t，按有机肥市场售价 600 元 /t 计算，每加工 1 t 有机肥可盈利 113 元。

（三）集中收储点处理模式——以北京市怀柔区为例

农机合作社进行秸秆捡拾收集作业主要成本为：收集秸秆支付给农户每亩

20～30 元；打捆机等设备成本约每亩 9.6 元；副油消耗 0.3 元 / 亩、绳费 6.6 元/ 亩，加上人工、设备折旧等成本，合计成本每亩约为 54.5 元。而玉米秸秆每捆重量约为 14.8kg，一亩地打捆数在 20～25 个，秸秆市场销售价格约为 650 元 /t（包括运输）。据此计算每亩地秸秆收入约为 192.4 元，利润每亩地约为 137.9 元。

（四）市场化全链条处理模式——以北京市房山区为例

每生产 1t 成品有机肥的综合成本单价为 750.20 元，其中原材料成本 425.50 元，废弃物粉碎成本 218.50 元，翻堆发酵成本 17.37 元，成品有机肥包装成本 38.83 元，运肥还田成本 50 元。按 800 元有机肥销售价格计算，每生产 1t 有机肥可盈利 49.8 元。

第三节　秸秆饲料化技术运行模式

秸秆饲料化技术分为秸秆黄贮加工机械化技术和秸秆膨化饲料加工机械化技术。

玉米秸秆黄贮加工机械化技术，是利用微生物处理干玉米秸秆的方法。将秸秆铡碎至 2～4 cm，装入黄贮窖或黄贮袋中，加入微生物发酵剂进行贮存发酵。干秸秆牲畜不爱吃，利用率不高，经黄贮后，酸、甜、酥、软，牲畜爱吃，利用率可提高到 80%～95%。

玉米秸秆膨化饲料加工机械化技术，是采用机械设备螺杆的变径、变距等技术，通过挤压与摩擦将机械能转化为热能，温度高达 120～140℃，高温、高压瞬间喷放，破坏了秸秆表面蜡质膜，使秸秆纤维素、半纤维素与木质素分离，高温消毒、杀菌、熟化、糖化的质变过程，再经过加入微生物自然发酵后，使秸秆转化成柔软细嫩、适口性好，具有醇香、酸香、果香，营养丰富，易消化吸收的膨化生物饲料，可广泛应用于喂养牛、羊、猪、鹿、鹅等畜禽。

一、运行模式

（一）玉米秸秆黄贮加工机械化技术

采用“种植户 + 农机服务组织 + 养殖企业”的运行模式，由农机服务组织从农户手中收购秸秆。将收购来的秸秆黄贮加工制作成饲料销售给养殖企业（图 7-6）。

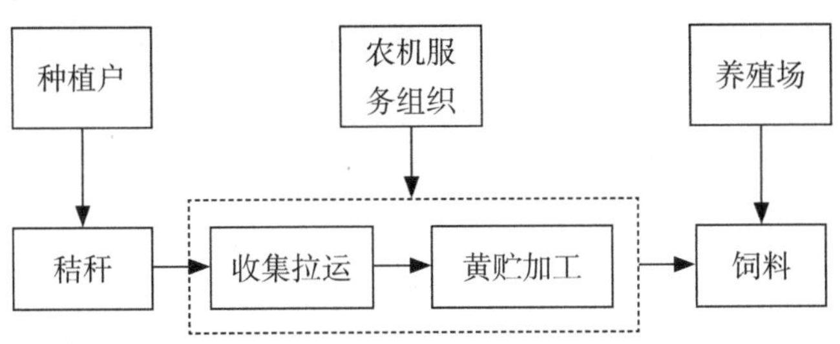

图 7-6　秸秆黄贮加工技术流程

（二）玉米秸秆膨化饲料加工机械化技术

采用“种植户＋农机服务组织＋养殖企业”的运行模式，由农机服务组织从农户手中收购秸秆。将收购来的秸秆膨化加工制作成饲料销售给养殖企业（图 7-7）。

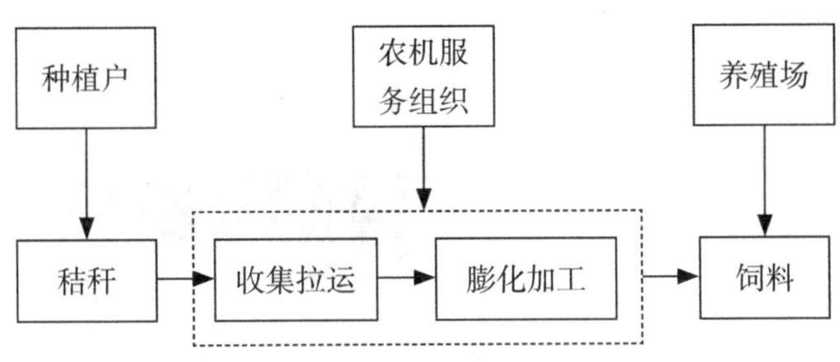

图 7-7　秸秆膨化饲料加工技术流程

二、配套装备

（一）玉米秸秆黄贮加工机械化技术

所需主要设备为玉米收获机、玉米秸秆捡拾粉碎机、拉运车、拖拉机、喷水车。

（二）玉米秸秆膨化饲料加工机械化技术

所需主要设备为秸秆膨化机。一台加工能力为每小时 1.5～2.5t 的秸秆膨化机，可覆盖 200hm^2 的土地。

三、效益分析

（一）玉米秸秆黄贮加工机械化技术效益分析

1. 经济效益

平均每亩玉米产出黄贮秸秆 264.1kg，含水量为 16.4%。秸秆捡拾粉碎、运输、装窖压实和喷洒水液等机械作业费用平均每亩 85.6 元。每亩玉米秸秆可加成成品黄贮饲料 1t，平均售价为 300～400 元 /t，再加上必要的人工及菌剂费用，经估算，利用玉米秸秆进行黄贮饲料加工，每生产 1 t 黄贮饲料可盈利 200 元左右。

2. 社会效益

玉米秸秆黄贮加工机械化技术将废弃玉米秸秆转变成一种优质的畜禽饲料，不仅能够避免秸秆堆积焚烧，还能节省养殖成本，为农业种养加结合开辟了一条有效的道路。同时，可带动农机服务组织发展，拓宽作业面，促进了农民增收和农业增效。

3. 环境效益

玉米秸秆黄贮加工机械化技术推广应用将改变北京地区农作物秸秆资源利用现状，促进其循环高效利用，减少秸秆焚烧造成的土壤、水和大气污染，大大加快了秸秆全量化利用进程，对减少温室气体排放和增加农田固碳具有重要意义（图 7-8，图 7-9）。

图 7-8　田间秸秆粉碎收集

图 7-9　袋装黄贮饲料

（二）玉米秸秆膨化饲料加工机械化技术效益分析

1. 经济效益

以北京市怀柔区近年来配备的秸秆膨化机为例，每 t 可生产秸秆膨化饲料 2.5 t（干秸秆与膨化饲料产出比 1：1），每 t 耗电 60 度，每度 0.5 元，需 3～5 人可进行作业，人工费每人每天 100 元，每吨需加入菌剂费用约 8 元，打包膜用量费用 30

元，合计作业成本约 76.6 元。加上购买秸秆原料及收集运输费用约 300 元 /t，秸秆膨化饲料加工成本合计约 376.6 元 /t，按目前市场上膨化饲料价格 650～800 元 / t 计算，每加工 1 t 秸秆膨化饲料，可盈利 200～400 元。

2. 社会效益

膨化后的秸秆饲料营养成分增加，利用率高，可有效减少精饲料用量，降低饲养成本。同时膨化秸秆饲料降低了饲料环境空气中氨浓度和臭度（氨浓度下降到 26.5mg/L，臭气强度降到 2.5 级以下），还有效控制了大肠杆菌、沙门氏杆菌，减少动物疾病发生率，促进牲畜健康生长，起到改善肉质、奶质，增加乳脂率，提高蛋白质含量，降低胆固醇含量等作用。秸秆膨化饲料加工不仅能够避免秸秆堆积焚烧的危害，还能节省养殖成本，为农业种养加结合开辟了一条有效的道路。同时，可带动农机服务组织发展，拓宽作业面，促进了农民增收和农业增效。

3. 环境效益

玉米秸秆膨化饲料加工机械化技术推广应用将改变北京地区农作物秸秆资源利用现状，促进其循环高效利用，减少秸秆焚烧造成的土壤、水和大气污染，大大加快了秸秆全量化利用进程，对减少温室气体排放和增加农田固碳具有重要意义（图 7-10，图 7-11）。

图 7-10　秸秆膨化饲料加工

图 7-11　卷好的膨化饲料

参考文献

毕于运，寇建平，王道龙，等 . 2008. 中国秸秆资源综合利用技术［M］. 北京：中国农业科学技术出版社 .

陈玉华，田富洋，闫银发，等 . 2018. 农作物秸秆综合利用的现状、存在问题及发展建议［J］. 中国农机化学报，39（02）：67–73.

杜艳萍 . 2013. 山西省农作物秸秆资源化利用现状及发展对策［J］. 农业环境与发展，（03）.

段天青，盛国成，张雄 . 2013. 9RS—40 型秸秆揉丝机的研究与设计［J］. 中国农机化学报，（02）.

黄梅苏 . 2011. 浅谈农作物秸秆资源的综合利用［J］. 江西畜牧兽医杂志，（03）：41–43.

李继承，韩敬钦，曲振晓 . 2012. 秸秆直燃电厂消防设计重点问题分析［J］. 中国给水排水，（14）.

李廉明，余春江，柏继松 . 2010. 中国秸秆直燃发电技术现状［J］. 化工进展，（S1）.

梁榕旺，徐淑莉 .2011. 我国秸秆资源现状及其利用［J］. 畜牧与饲料科学 . 32（11）：21–22.

梁文俊，刘佳，刘春敬等 . 2015. 农作物秸秆综合利用技术［M］. 北京：化学工业出版社 .

林青山，何艳峰，贾立敏，等 . 2014. 秸秆热解气化技术在提高秸秆利用率方面的优势分析［J］. 安微农业科学，42.

孟宪平，徐明东，郑召忠，等 .2007. 玉米秸秆揉丝包膜青贮机械化技术应用研究［J］. 现代农业科技（04）.

彭卫东，单宏业 . 2013. 农作物秸秆综合利用 110 问［M］. 北京：中国农业科学技术出版社 .

齐天宇，张希良，欧训民，等 .2011. 我国生物质直燃发电区域成本及发展潜力分析［J］. 可再生能源（2）.

石祖梁，李想，王久臣，等 . 2018. 中国秸秆资源空间分布特征及利用模式［J］. 中国人口·资源与环境，28（S1）：202–205.

宋振伟 . 2011. 农田秸秆综合利用技术［M］. 北京：冶金工业出版社 .

孙育峰，丰成学，李友权 . 2009. 我国农作物秸秆资源及其利用与开发［J］. 调研世界，（7）：37–39

汤东明 . 2012. 直燃发电是当前我国秸秆规模化利用的理想方式［J］. 能源工程，（6）.

王晓霞 . 2017. 农作物秸秆膨化饲料技术探讨［J］. 农业科技与装备，（12）.

王亚楠 . 2016. 秸秆膨化机技术特点及其应用前景分析［J］. 农业开发与装备，（4）.

向天勇 . 2015. 秸秆能源化利用实用技术［M］. 北京：中国农业出版社 .

肖宏儒，范伯仁 . 2009. 农作物秸秆综合利用技术与装备［M］. 北京：中国农业科学技术出版社，117–138.

肖宏儒，钟成义，宋卫东，等 . 2010. 农作物秸秆平模压缩成型技术研究［J］. 中国农机化，（01）：58–62.

谢海燕 . 2013. 农作物秸秆资源化利用的政策支持体系研究［D］. 南京林业大学，2013.

邢培生，周建国，许建国 . 2008. 国产化秸秆直燃锅炉简介［J］. 工业锅炉，（05）.

杨建中，张俊瑜 . 2017. 膨化秸秆在动物饲料中的研究进展［J］. 草食家畜，（03）.

余璐璐，李绍才，孙海龙 . 2011. 秸秆含水率对揉丝性状的影响［J］. 农机化研究，（01）.

张静 . 2013. 浅谈玉米秸秆揉丝技术［J］. 农村养殖技术，（11）.

张士罡，苏环 . 2017. 秸秆压块饵料加工技术［J］. 农村新技术，（05）.

中国农学会 . 2011. 秸秆综合利用［M］. 北京：中国农业出版社 .